快装式钢结构电梯
设计理论与方法

张青　刘立新　张瑞军　著

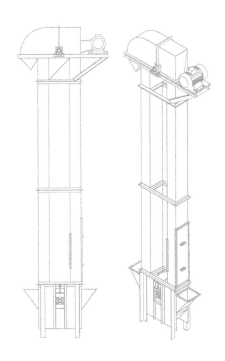

化学工业出版社
·北京·

内 容 提 要

本书采用理论分析、过程推导、实例验证相结合的方法，对快装式钢结构电梯的钢结构节点刚性化分析、典型结构创新设计、模块化设计、与既有建筑环境匹配、钢结构力学计算与分析等科学与技术问题进行了阐述。本专著深入浅出、强化理论、注重实用，突出了新理论、新方法和新技术。

本书可供高等院校、科研机构等从事电梯和起重类机电设备设计理论和方法的研究人员及相关领域的工程技术人员参考使用，也可作为大专院校机械工程、建筑工程、机电一体化、工业自动化及其相关专业师生的参考书。

图书在版编目（CIP）数据

快装式钢结构电梯设计理论与方法/张青，刘立新，张瑞军著.—北京：化学工业出版社，2020.7（2021.10重印）
ISBN 978-7-122-36835-5

Ⅰ.①快⋯　Ⅱ.①张⋯②刘⋯③张⋯　Ⅲ.①轻型钢结构-电梯-设计-研究　Ⅳ.①TU857

中国版本图书馆 CIP 数据核字（2020）第 080153 号

责任编辑：金林茹　张兴辉　　　　　　文字编辑：陈　喆
责任校对：王鹏飞　　　　　　　　　　装帧设计：王晓宇

出版发行：化学工业出版社（北京市东城区青年湖南街 13 号　邮政编码 100011）
印　　装：北京虎彩文化传播有限公司
710mm×1000mm　1/16　印张 12¼　字数 228 千字　2021 年 10 月北京第 1 版第 5 次印刷

购书咨询：010-64518888　　　　　　售后服务：010-64518899
网　　址：http://www.cip.com.cn
凡购买本书，如有缺损质量问题，本社销售中心负责调换。

前言

　　随着我国人民生活水平的提高和人口老龄化问题的日益突出，为既有建筑加装电梯已经成为新时代发展的必然要求，也已经成为各级政府高度重视的重大民生问题。 钢结构电梯具有相对独立于既有建筑的井道钢结构和入户平台钢结构，同时能在既有建筑内居民正常居住生活的情况下安装施工。 但是，目前的钢结构电梯产品存在与既有建筑匹配不理想、制造成本高、安装程序复杂而严重扰民、安装速度慢、乘坐舒适性差、安全性和可靠性低等问题。 鉴于此，本专著着重解决了快装式钢结构电梯设计理论与方法的关键问题。 本书的研究工作得到西部经济隆起带和省扶贫开发重点区域引进急需紧缺人才项目"快装式钢结构电梯关键技术研究及应用"、山东省重点研发计划项目"面向旧楼加装的快装式钢结构电梯研发"和山东富士制御电梯有限公司委托项目"快装式钢结构电梯关键技术研究"与"钢结构电梯精准快捷计算关键技术研究"的资助。

　　本书采用理论分析、过程推导、实例验证相结合的方法，对快装式钢结构电梯的钢结构节点刚性化分析、典型结构创新设计、模块化设计、与既有建筑环境要素匹配、钢结构力学计算与分析等科学与技术问题进行了研究，主要内容包括以下8章：

　　第1章，对快装式钢结构电梯的产品特点和关键技术进行了分析，对全生命周期设计、模块化设计、创新设计、钢结构节点刚性化设计、计算机辅助钢结构力学计算与分析等设计理论与方法进行了简要概述，引出了本书主要研究内容。

　　第2章，基于几何不变体系，给出了钢结构的设计原则和要求，依据钢结构节点的设计原理和方法，创新设计了电梯钢结构井道标准节梁柱半刚性化节点的三种方案，并对三种方案进行了仿真分析。

　　第3章，分析钢结构电梯典型结构中的物理冲突，改进钢结构电梯的标准节及连接结构、相关活动部件的运输固定结构以及钢结构电梯基础底坑和地脚螺栓定位装置，缩短快装式钢结构电梯的安装施工时间，减少运输成本。

第 4 章，针对快装式电梯的钢结构这种大型部件，应用模块化设计理论对钢结构进行模块划分、模块设计，采用模块化的管理方式对每一个电梯钢结构模块进行编码，有效提升了电梯钢结构的研发效率，降低了设计成本，并且提升了产品品质。

第 5 章，探讨了电梯面向快装的机电系统零部件与钢结构模块的组合匹配方案、快装式钢结构电梯产品功能模块三层次划分方法，进而对模块进行编码，结合模块参数化设计，提出构建适合快装式钢结构电梯产品的模块化和参数化相结合的柔性产品平台，并研究了基于产品平台的产品族开发技术。

第 6 章，建立了钢结构平台与既有建筑结构间螺栓连接方式和有机化学锚栓连接方式的计算模型，提出了多种平台-墙体螺栓防松的改进方法和多种钢结构井道-建筑物匹配的组合方式，并对既有建筑物和新建电梯井道沉降的原因进行了分析。

第 7 章，基于有限元力学分析基本理论，利用 ANSYS 软件对快装式电梯钢结构井道与钢结构平台的强度和刚度进行了优化改进分析。

第 8 章，基于结构力学构建了快装式电梯整体钢结构 3D3S 计算模型，开展了快装式电梯整体钢结构荷载分析，并以快装式电梯单体式钢结构和并联式钢结构为典型案例验证了模型构建和计算分析方法的正确性和有效性。

研究内容是在查询、总结现有相关领域研究成果的基础上展开的，对当前相关领域研究中存在的问题进行了探索与尝试，然而，由于所研究的内容涉及机械、建筑等多学科，且当前物理实验数据较少，因此，相关理论成果还有待于进一步验证。本书从工程应用角度出发，系统地阐述了快装式钢结构电梯相关设计理论及最新的研究成果，是笔者近 10 年来在电梯产品设计与分析领域中科研成果和工程实践的总结。

全书第 1、2、4、5 章由张青撰写，第 3、6 章由张瑞军撰写，第 7、8 章由刘立新撰写，全书由张青统稿，研究生张昊、贾体昌、崔瀚文、荆浩、陈晨、张鹏和刘明星为本书做了大量的图形绘制、整理工作。本书在撰写过程中借鉴了相关的国内外参考文献，参考了相关领域学者的研究内容，在此一并表示感谢。

限于笔者能力与水平，书中难免存在不足之处，恳请读者批评指正。

著者

目录

第1章 绪 论

1 ——————

第2章 快装式电梯钢结构节点刚性化分析

20 ——————

第 **5** 章

**钢结构电梯
面向快装的
模块化设计**

85

第 **8** 章

快装式电梯整体
钢结构力学
计算与分析

163

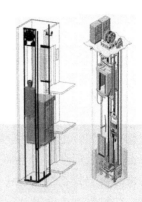

第 1 章 绪论

　　本章基于快装式钢结构电梯设计理论与方法课题的研究背景和意义，分析了快装式钢结构电梯的产品特点和工程中的关键技术，概括描述了产品研发中涉及的全生命周期设计、模块化设计、创新设计、钢结构节点刚性化设计、计算机辅助钢结构力学计算与分析等主要设计理论和方法，提出了本书的主要内容，阐明了各章节之间的关系。

1.1　快装式钢结构电梯产品分析

　　快装式钢结构电梯是指具有相对独立于建筑物的钢结构井道，按照快速安装的原则将整个系统设计为若干总成，模块化加工一次成型，采用积木式安装进程的电梯，因此也被称为"积木式电梯"，是主要面向既有建筑加装电梯市场的新产品[1~3]。相较于传统电梯产品，快装式钢结构电梯具有以下特征[4]：

　　① 模块加工一次性。一个模块在车间一次性加工、预装配成一个总成。

　　② 总成设计模块化。安装时的一个总成反向设计为一个模块。

　　③ 安装进程积木式。施工现场搭积木式安装，只需整机调试、试运行。

　　拥有以上特征的快装式钢结构电梯施工安装简便，90％以上零部件的安装均可在电梯厂内完成，且装配施工不影响原建筑的管道、线路装置，这使得该类电梯十分契合未预留井道的既有建筑加装电梯需求。而随着人们生活水平的提高和人口老龄化问题的日益突出，为适应经济社会发展，完善既有建筑的使用功能，进一步提高居民生活舒适度，为既有建筑加装电梯也成了改善民生的发展要求[5]。

　　根据 2016 年中国电梯协会不完全统计，在全国 1220000 万平方米的建筑面积中，居住房的面积约为 740000 万平方米，其中 7 层以下的老旧住宅约有400000 万平方米，扣除需拆迁的面积，按人均居住面积测算，目前全国有 100多万幢旧低层楼房需加装电梯，需求量约为 125 万台，且此需求量在未来将以很快的速度增加。以济南市为例,为全市老旧楼房加装电梯可惠及 120 万人。近年来的政府工作报告指出,"城镇老旧小区量大面广,应当加大力度进行改造提升,鼓励支持加装电梯",各级政府也积极响应,全国有几十个试点城市均出台相应政策补贴老旧楼房的电梯加装工程,这也使得旧楼加装电梯在未来有巨大的市场需求。快装式钢结构电梯属于新兴的建筑空间交通装备,其产业市场资源利用率高,能够带动产业升级、拉动内需、促进就业,有着显著的社会效益和广阔的发展前景。

但快装式钢结构电梯作为新兴产品,不能直接照搬现有的土木建筑设计或者工程机械设计,因而必须要对其进行新的技术研究和产品设计[6,7]。20 世纪 90 年代及以前的老旧楼房往往没有预留井道,旧楼加装电梯自带的钢结构井道需要现场安装。且由于其结构与既有建筑结构匹配问题、安装程序复杂等原因,使得该类产品存在安装速度慢、制造成本高、乘坐舒适性差、可靠性低等问题[8]。

因此,虽然快装式钢结构电梯有着迫切的发展需求和广阔的前景市场,但其仍未实现诸多核心关键技术的攻关,类型产品的个性化设计稀少且单一,制造运输安装等环节依然存在许多亟待解决的问题。为此,本书结合快装式钢结构电梯产品的自身特点,对其研发设计中的关键技术和制造安装中的工程问题进行了分析攻关。

① 快装式钢结构电梯是典型的个性化定制产品,针对不同建筑和不同土木结构,需要对产品进行针对性设计。

② 快装式钢结构电梯是兼有机械和建筑特征的复杂机电系统,技术研发和设计制造要兼顾其机械和建筑的两种属性。

③ 快装式钢结构电梯产品设计的重心在钢结构,一方面钢结构电梯独立设置于既有建筑外部,钢结构与既有建筑结构要融为一体,而且确保形成乘客入户的良好通道;另一方面,钢结构的荷载包含以静荷载为主的普通建筑结构荷载和以动荷载为主的电梯机械系统的荷载,有别于建筑钢结构和机械结构,力学计算尤为复杂。

综上所述,快装式钢结构电梯是一种兼有机械和建筑属性的新产品,有着改善民生的重要社会意义和广阔的市场前景,但产品研发中存在诸多问题,对其设计理论和方法的研究是目前电梯领域一个重要的课题。

1.2　快装式钢结构电梯关键技术

1.2.1　快装技术

快装技术是现代机械和结构产品在现场装配环节中,为应对所遇到时间、环境、人员等因素约束与冲突的问题而产生的关键技术。伴随着生产制造现代化和服务对象个性化的发展，大型临时型、加装型、补充拓展型产品越来越强调现场组装的快速和便捷，而通过各种快装技术升级所研发的产品可以加快现场安装速度和降低安装所需的人员、技术、工具、环境条件限制，快装技术在现代机械和结构产品安装中正逐渐占据重要地位[9]。

快装式钢结构电梯作为典型的快装式产品，其快装特性所需技术是其关键研发技术之一。目前，快装式钢结构电梯所涉及的快装技术主要由以下几种分项技术组成：

(1) 预装配技术

预装配是指在现场安装之前，在工厂内或中间场合按照特定顺序和工艺，先将一部分零部件提前组装，以便运输便捷，保证现场安装的质量和效率[10]。

钢结构的预装配（pre-assembly of steel structure）是控制质量、保证构件在现场顺利安装的有效措施。它是将分段制造的大跨度柱、梁、桁架、支撑等钢构件和多层钢框架结构，特别是用高强度螺栓连接的大型钢结构、分块制造和供货的钢壳体结构等，在出厂前进行整体或分段分层临时性组装的作业过程。部分零部件需要按照安装顺序和工艺要求在钢平台上进行钢构件的预制和组装，为保证焊接制品质量，该过程不易在施工现场进行，在工厂内进行预装配也有利于保证各部件和结构的强度刚度要求。

现代预装配技术还可以充分结合计算机技术，如融合三维设计信息化模型，可利用微米级精度的工业三维激光扫描仪对实际钢构件扫描，通过对扫描模型的测量实现构件测量，并在虚拟环境下仿真模拟实际预拼装过程，将扫描模型与理论模型拟合对比分析，实现结构单元整体的数字预拼装[11]。

快装式钢结构电梯在工厂的预装配内容包括电梯钢结构部件的预装配和电梯机械系统零部件与相应钢结构部件的预装配两部分，即出厂时一部快装式钢结构电梯由若干个模块总成组成，一个模块总成又由一个钢结构部件和相应的一部分电梯机械系统零部件构成。

(2) 模块化设计技术

模块化设计技术是目前机械产品设计的核心技术之一，使用该技术可以缩短产品的设计生产周期、提升产品质量，把产品以最快的速度推向市场，送达用户手中[12]。模块化设计技术不但可以在大批量生产的产品中应用，也可以对某一特殊定制产品进行个性化设计，在满足产品整体要求的同时尽可能发挥不同模块的优势，从而提升产品的整体质量。产品模块化设计可以在不同规格产品结构和功能分析的基础上，将产品整体划分出一套具备不同功能特点的组成模块，并让这些模块能够互换，使模块在不同的产品中通用。而当用户组合的模块产品需要维修或保养时，也能精准地维修保养或者直接更换损耗比较严重的模块，这使得模块化结构产品具有较好的维修保养性[13]。

为了更高效地应对市场对快装式钢结构电梯产品的需求，使产品更快地送达用户，则其整个工程内容中重要组成部分的制造就必须实现批量化和标准化。对于电梯的钢结构这种体积巨大的产品来说，直接进行整个结构的制造需要巨大的占地面积以及相应的大吨位起重设备，这对生产环节来说难度较大。由于钢结构电梯的生产和一般机械产品生产方式有很多共同特点，参照一般机械产品在大批量设计生产中所使用的模块化技术，为实现方便、高效率、大规模生产，需要对快装式钢结构电梯产品按照模块划分、模块设计、模块生产的技术思路来组织。

快装式钢结构电梯的模块化设计技术要解决如下关键问题：电梯工程整体规划方案，钢结构井道与电梯机械系统的匹配，钢结构与既有建筑环境要素的融合，承载运动部件的钢结构安全评估与稳健优化。本书将对快装式电梯产品的钢结构和整体模块化技术进行较详细的阐述和分析。

（3）面向快装的工装技术

工艺装备简称工装，是制造产品所需的刀具、夹具、模具、量具和工位器具的总称。工艺装备不仅是制造产品所必需的，而且作为劳动资料对于保证产品质量、提高生产效率和实现安全文明生产都有重要作用[14]。其中，快速工装是为解决机械产品快速装配问题的专用工装，在市场上一般没有现货供应，需由企业自己设计制造。为了实现更高效率的预装配和模块化生产运输安装过程，并保证这一过程中的施工质量，面向快装的工装技术也尤为重要。

工装按照使用阶段可分为制造用工装、运输用工装和安装用工装，面向快装的工装技术在三种工装的创新设计中都有所应用。

1.2.2 安全技术

安全泛指没有伤害或危险、不出事故的状态。从安全生产管理的角度给出的安全的定义是：安全是人们在生产劳动中处于的消除了可能导致人员伤亡、职业危害、设备及财产损失或危及环境的潜在因素的状态。

快装式钢结构电梯安全技术是指在设计、制造、预装配、运输、安装、运行服役等全生命周期中消除可能导致人员伤亡、职业危害、设备及财产损失或危及环境的潜在因素所涉及的所有技术的总称。

快装式钢结构电梯安全技术主要包括三个方面的内容：①设计技术，主要是指利用安全系数法、极限状态设计法，通过力学计算分析零部件和钢结构的强度、刚度、稳定性等指标，妥善解决耗材与安全的矛盾冲突，保证产品安全的设计技术；②制造技术，主要是指在加工、预装配、运输、安装过程中，借助现代生产管理方式落实设计耗材，依托合理先进的工艺装备保证产品安全的制造技术；③使用技术，主要是指严格遵守电梯安全使用操作规程，借助现代设备状态监测与故障诊断方法，严格落实定期保养维护制度，以保证产品安全的使用技术。

快装式钢结构电梯是典型的机械产品，又有建筑、土木工程结构的特性。快装式钢结构电梯产品的安全性技术需结合机械与土木结构的特性进行综合分析。

(1) 机械安全技术

机械安全技术包括设计、制造、安装、调整、使用、维修、拆卸等电梯全生命周期每个阶段的安全技术，其中以设计和使用阶段的机械安全技术为主[15]。通过对材料和零部件的形状与相对位置，以及操纵力、运动件的质量和速度的综合分析，安全技术可在设计阶段借助机械作用原理，并结合人机工程学原则，选用合理的设计结构，从而最大限度地避免或减少危险；也可以通过提高设备的可靠性、操作机械化或自动化以及实行在危险区域之外的调整、维修等措施来避免或减少危险[16,17]。

在进行机械安全设计时，应遵循以下基本技术原则：

① 产品使用前要进行充分的风险评价。在进行机械安全设计时，首先要对所设计的机器进行包括危险分析和危险评定在内的全面的风险评价，以便有针对性地采取适当有效措施消除或减少这些危险和风险。

② 要增强机械自身的稳定性与鲁棒性。采用有效方式使机器具有自主防止误操作的能力，使违规操作得到消极响应，不造成伤害事故；使机器具有完善的自我保护功能，当某一部分出现故障时，其余部分能自动脱离该故障影响而安全地运转或停止运行，并能及时报错，第一时间警示用户并通知设备运维人员，使故障能被及时排除。

③ 要充分考虑人机特性。人机匹配是安全技术设计中的重要问题之一，要充分考虑人机特性，使设备适合于人的各种操作，最大限度地减轻人的体力消耗及操作时的紧张和恐惧感，从而减少因人的疲劳和差错导致的危险。

④ 要符合安全卫生要求。机器在整个使用期内不得排放超过相关规定的各类有害物质，如果不能消除有害物质的排放，必须配备处理有害物质的装置或设施。

⑤ 明确机器的使用限制规范。机器使用限制规范包括机器的使用方法、操作程序以及为避免操作者随意使用或误操作导致危险的要求等；机器的空间限制包括机器的运动范围、所需的安装空间、"操作者-机器"和"机器-动力源"之间的关系等；机器的时间限制是指根据使用情况和某些组成部分的耐用性，确定其可预见的"寿命极限"。

(2) 工程结构安全技术

建筑结构的安全性评价应建立在统计学的基础上，对相关信息进行数据分析与统计，并就实际施工设计情况以及施工水平、所在区域经济发展状况、建筑施工中所使用的建筑材料等多方面因素加以综合考虑[18]。在工程实际中，建筑结构设计却很少考虑建筑施工所在地区的经济发展状况以及资源等情况，大多数建筑结构都是凭借设计者的经验、建筑材料以及建设施工水平等进行设计的，可能导致安全系数降低以及工程造价偏高[19]。因此，土木结构的安全性技术要求尤为重要，在钢结构电梯产品的设计环节应执行以下安全技术要求：

① 做好钢结构的概念设计。钢结构概念设计就是依据钢结构设计的总体思想，结合实际安全设计需要以及工程设计经验对特定环境下的钢结构空间进行结构设计。在满足设计规定要求的前提下，也需考虑其环境因素，将概念设计结构与各构件的力学作用机理进行结合，采用概念方式进行有效地计算，这样不仅能够从整体上对钢结构进行一个很好的把握，而且能对钢结构细节进行妥善处理，采用这种设计理念，既能有效地保证其质量，又能有效地保证施工的顺利进行。

② 注意结构方案对其安全性的影响。一个好的结构方案是实现结构功能和保证结构安全的基础性条件。结构方案设计属于创造性工作，是一个从无到有的过程，在选择确定竖向结构体系、水平分体系、基础类型，进行结构布置、截面尺寸确定、构件连接、材料强度等级选择等工作中，需要考虑所选结构体系是否具有好的整体稳定性、结构的力传递路径是否明确、结构整体是否有多余约束、局部破坏会不会引起整体坍塌等，规范没有规定现成的公式，需要设计人员根据实验数据对所设计的结构整体把握，选用适当的模型进行计算，并分析判断选择，确定结构方案。

③ 做好工程结构的设计计算。良好的工程结构设计要方便施工设计，同时做到对工程结构进行精准的设计分析，用最科学的计算方法设计出最佳的结构承载力。换句话说，应通过设计计算对各个部分的结构进行分析，然后完成设计。

快装式电梯产品的钢结构独立于楼梯之外，不仅承担着整个电梯系统的自重、来自外部的风荷载、地震荷载、温度荷载等，而且要承担电梯机械系统运行过程中的动荷载。钢结构的力学计算有别于一般的建筑钢结构，也不同于工程机械钢结构。因此，本书对快装式电梯钢结构安全技术中的力学计算分析展开研究，分别采用 ANSYS 和 3D3S 两种软件平台对钢结构的部件强度刚度和整体力学性能计算进行了分析，以确保快装式钢结构电梯产品在保证安全性的基础上能最大程度地利用材料、空间等资源，从而使快装式钢结构电梯具有更高的实用性和普惠性。

1.2.3 与建筑要素的匹配技术

我国加装电梯的既有建筑层数以五层、六层居多，少数地区最多为九层，其楼房建筑结构几乎全部为砖混结构或钢筋混凝土结构。考虑当前楼房建筑结构的特点，快装式钢结构电梯与既有建筑必须能匹配良好融为一体。

(1) 匹配方法

钢结构电梯与既有建筑要素匹配的目标应是电梯和既有建筑融为一体，保证电梯的性能得以很好地发挥，同时寿命和可靠性与建筑相匹配。目前，常见的建筑物匹配方法有粘贴纤维增强塑料加固法、绕丝法、锚栓锚固法等，其中锚固方法更适用于既有建筑加装电梯的场合。锚栓是后锚固组件的总称，根据锚栓的工作原理及构造的不同可分为机械锚栓、化学锚栓和植筋。机械锚栓中的膨胀锚栓可较好解决移位，且不存在老化问题；化学锚栓抗拉强度高，适用于重型安装固定，能做到精准定位，并与结构体完全连接，适用于电梯基座固定等场合。

(2) 走廊平台与入户方式匹配

钢结构电梯与既有建筑一般采用走廊平台连接，即乘客走出电梯通过走廊平台连通楼房进入户室。目前，综合考虑既有建筑的房屋结构和用户需求，走廊平台连接方式主要有平层、错半层以及 7 种直连式，以实现电梯与既有建筑的良好匹配。

(3) 墙体匹配

建筑墙体按照受力状态可分为承重墙和非承重墙，墙体匹配对砖混结构建筑而言实际是与承重墙的过梁或圈梁匹配，对钢筋混凝土结构建筑而言实际是与钢筋混凝土结构的梁或柱匹配。无论何种墙体匹配均需保证原建筑结构的可靠性和连接后整体的系统稳定性。

此外，考虑到墙体的材料、安装方式以及预设需求，在墙体匹配时还应注意原建筑墙体的热工、隔音、防潮和防火等的设计。如果在墙体匹配中存在破坏原墙体性能的问题，在匹配连接后应实施补偿计划和方案。

(4) 基础匹配

既有建筑加装电梯时还存在基础沉降问题，由于地基具有一定的压缩性，当建筑物的上部结构形式、荷载变化、地基自身承载能力等因素发生变化时，会导致不均匀沉降。因此，既有建筑加装钢结构电梯时应保证加装电梯的过程中再沉降的量微乎其微，控制地基沉降量与既有建筑相等同。

1.3 快装式钢结构电梯设计综述

快装式钢结构电梯设计在电梯工程中具有举足轻重的地位。快装式钢结构电梯的问世同任何产品一样均是设计的结果，根据著名的"七二一"规律，产品质量的 70% 取决于产品的设计及管理，产品质量的 20% 是加工制造，产品质量的 10% 是加工人员的素质。产品成本的 75%～80% 取决于产品的设计[20]。

快装式钢结构电梯的设计具有五大特征：

① 系统性。从系统角度对需求进行功能分析，使每一个零部件和构件具有显著的功能，同时还包括面向产品全生命周期完成设计。

② 交叉性。由于需求的多层次性及使用的多面性，需要材料、机械、建筑、土木等学科知识的相互支持，学科的交叉使设计更具交叉性。

③ 针对性。按具体用户提出的具体功能要求的不同，每一台产品都必须进行针对性的设计。

④ 多样性。由于需求的多样性，快装式钢结构电梯设计就必须具有很大的柔性去满足多样性，以适应不同工程项目的特征。

⑤ 综合性。快装式钢结构电梯的设计不再停留在静态的角度，而是静态和动态的综合设计。

快装式钢结构电梯涉及的主要设计理论与方法有全生命周期设计、模块化设计、创新设计、钢结构节点刚性化设计和钢结构计算机辅助力学计算与分析方法等。

1.3.1   全生命周期设计

快装式钢结构电梯设计最重要的目标任务是产品的快装方案设计及方案的合理性、可行性、经济性评估。快装方案由制造工艺、预组装方案、运输方案、安装方案等构成，同时涉及使用过程、再制造过程，因此快装方案的设计必须面向产品的全生命周期。面向产品全生命周期的设计也是由快装式钢结构电梯设计具有的系统性特征决定的。

全生命周期设计是面向产品全生命周期全过程的设计，要考虑从产品的社会需求分析、产品概念的形成、知识及技术资源的调研、成本价格分析、详细机械设计、制造、装配、使用寿命、安全保障与维修计划，直至产品报废与回收、再生利用的全过程，全面优化产品的功能/性能（F）、生产效率（T）、品质质量（Q）、经济性（C）、环保性（E）和能源/资源利用率（R）等目标函数，求得其最佳平衡点[21]。

全生命周期设计实际上是一种设计思想、设计理念，是面向全生命周期所有环节、所有方面的设计。其中每一个面向都需要专门的知识技术做支撑，这种技术采用专家系统或仿真系统等智能方法来评判概念设计与详细设计满足全生命周期不同方面需求的程度，发现所存在的问题提出改进方案。但是，全生命周期设计不是简单的面向设计（DFX），而是多学科、多技术在人类生产、社会发展与自然界共存等多层次上的融合，所涉及的问题十分广博、深远。

全生命周期设计基于知识对产品全生命期的所有关键环节进行分析预测或模拟仿真，将功能、安全性、使用寿命、经济性、可持续发展等方面的问题在设计阶段就予以解决或设计好解决的方式方法，是现代机械设计的必然发展方向。全生命周期设计涉及的学科、知识、技术和思想十分庞杂，其设计环境至少包含：①知识库、数据库和知识共享；②计算模拟和仿真技术；③经济性全局分析与评价体系；④全生命分析与等寿命设计；⑤全生命周期的安全监测与保障；⑥维修和再制造工程；⑦知识集成与全面设计优化等。

快装式钢结构电梯全生命周期设计是面向加工制造、装配、运输、安装等环节设计的快速安装方案，并依托系统理论，综合考虑用户、建设单位、施工单位、主管部门的需求评估方案的经济性和绿色性。

1.3.2　模块化设计

钢结构电梯快装方案的核心是工厂车间内的模块制造工艺和模块总成的预装配，因此模块化设计理论是快装方案设计最重要的支撑，模块化设计方法是快装方案设计的必由之路。

模块化一般指使用模块的概念对产品或系统进行规划和组织。产品的模块化设计是在对一定范围内的不同功能或相同功能不同性能、不同规格的产品进行功能分析的基础上，划分并设计出一系列功能模块，通过模块的选择和组合可以构成不同的产品，以满足市场不同需求的设计方法[22]。

模块化产品设计过程中，通过不同模块的组合和匹配可以产生大量的变型产品，这种不同的组合体使模块化产品模型具有独特的功能、结构和性能特点及层次。因此，模块化产品是一种重要的柔性策略形式[23]，即柔性的产品设计使企业可以通过组合现有模块或新模块，快速、低成本地生产能够适应市场和技术变化的产品。

模块化表达方法与模块识别是模块化设计的基础方法和理论，信息技术、先进制造技术等的不断发展，给产品模块化设计理论和实践应用研究提出了更多新的课题，融合、利用其它现代设计方法、制造和管理技术成为现代模块化设计的特点。产品模块化设计的研究热点和发展趋势主要表现在三个方面：①知识管理与集成设计；②模块化产品的网络协同设计；③模块化设计对先进制造技术和制造系统的影响。

广义模块化设计以传统模块化设计基本理论为基础，引入参数化设计和变量化分析方法，通过对一系列产品进行功能分析并结合其在设计、制造、维护中的特点，划分并构造具有更大适应性的广义模块和广义产品平台，通过广义模块的组合或广义产品平台的衍生实现产品的快速设计。广义模块是具有特定功能的结构体，具有参数化的结构模型和接口特征。广义模块是功能、几何拓扑结构、结构参数、激励和响应等工程约束的函数。广义模块化设计拓展了模块化设计理论的应用领域。

快装式钢结构电梯设计具有广义模块化设计的特征。模块分为产品模块和钢结构模块，产品模块是车间预组装的总成，是钢结构模块配置部分电梯机械系统零部件而形成。产品模块设计的指导思想是在保证产品功能和质量的前提下，方便制造与运输，易于实现快速安装。钢结构模块设计的指导思想则是方便总成模块的预组装。

1.3.3 创新设计

快装式钢结构电梯设计具有的交叉性、综合性特征决定了其必须依赖创新理论进行创新设计。

机械创新设计是指充分发挥设计者的创造力，利用创新思维方法和相关科学技术知识进行创新构思，设计出具有新颖性、创造性及实用性的机构或机械产品（装置）的一种实践活动[24]。它包含从无到有和从有到新两种创新过程。从无到有的创新设计是完全凭借基本知识、思维、灵感与丰富的经验创造新产品的过程。从有到新的创新设计是借助产品、图样、影像等已存在的可感观的实物创造出更先进、更完美的产品。反求设计就属于这种创新方式。

创新设计强调发挥创造性，提出新方案，提供新颖的而且成果独特的设计，其特点是运用创造性思维，强调产品的创新性和新颖性。

传统的创新设计思维主要有基于功能、产品生命周期和过程的三种设计思维，现代创新设计思维增加了基于"人-机-环境"大系统的设计思维。快装式钢结构电梯设计的"人-机-环境"大系统包括三个子系统。第一子系统——人，由产品操作者、乘客、设计者、制造者、运输人员、安装人员组成。第二子系统——机，由钢结构电梯的十个子系统组成。第三子系统——环境，包括三个重要组成部分：①建筑环境；②技术环境，包括设施环境和协作环境；③社会环境，包括民族、文化背景、政府政策和国际关系等方面。对快装式钢结构电梯而言，建筑环境和技术环境既相对独立又有交叉。

1.3.4 钢结构节点刚性化设计

快装式钢结构电梯设计的核心在钢结构，钢结构设计的核心在节点，节点设计的主要任务是保证节点具有足够的刚性，从而保证钢结构为一个几何不变体系。

结构是一种观念形态，又是物质的一种运动状态。结是结合之意，构是构造之意，合起来理解就是主观世界和物质世界结合构造之意。结构就是一种空间组成的概念，是由一组相关物质组成的一种空间组织。建筑工程和机械工程中结构是建造物上承担重力或外力的部分的构造。

钢结构是以钢材为原料轧制的型材（角钢、工字钢、槽钢、钢管等）和板材作为基本元件，通过焊接、螺栓或铆钉连接等方式，按一定的规律连接起来制成能够承受一定量荷载的结构。钢结构具有可靠性高、自重轻、制造简便、施工工期短等优点，在建筑工程、机械工程中得到广泛应用。

任何结构都是为了完成所要求的某些功能而设计的。快装电梯钢结构必须具备下列功能：

① 安全性　钢结构在正常施工和正常使用条件下，承受可能出现的各种作用的能力，以及在设计规定的偶然事件发生时和发生后，仍保持必需的整体稳定性的能力。

② 适用性　钢结构在正常使用条件下，满足使用要求的能力。

③ 耐久性　钢结构在正常维护条件下，随时间变化仍能满足预定功能要求的能力。

钢结构的安全性、适用性、耐久性总称为钢结构的可靠性。钢结构设计（计算）的目的是在满足可靠性要求的前提下，保证所设计的钢结构和钢结构构件在施工中和工作过程中做到技术先进、经济合理、安全适用，并确保质量。要实现这一目的，必须借助先进合理的设计方法。

快装式电梯钢结构属于杆件结构，即由若干杆件相互连接组成的体系。体系几何组成分析的目的是判断某一体系是否几何不变，从而决定它能否作为结构。工程钢结构不能采用几何可变体系，而只能采用几何不变体系。结构力学中几何组成分析认为图 1-1（a）为几何不变体系，图 1-1（b）为几何可变体系[25]。这一结论建立在两个前提条件下，一是杆件为刚体，即不考虑杆件材料的应变；二是节点为铰节点。显然图 1-1（a）中的节点无论是铰节点还是刚节点，都会保持为一几何不变体系，而图 1-1（b）中节点若为刚节点，体系将变成几何不变体系。实质是体系中节点的刚性支持几何可变体系转化为几何不变体系。从力学的角度讲传递力矩（弯矩）的节点可以使可变的几何体系转化为几何不变体系。

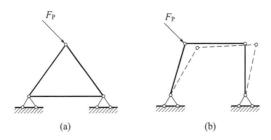

图 1-1　工程结构的两种基本几何组成单元

刚性节点的构造常用的有焊接和螺栓连接两种形式。螺栓构造的节点又通常被认为是半刚性节点，其刚性决定于下列因素：节点板、螺栓的数量及排列形式、螺栓孔的加工精度、被连接件接触面的加工质量、螺栓的类型与质量等。

节点刚性化设计的内容是综合考虑节点刚性的各决定因素，选择合理螺栓数量和排列形式，制定螺栓孔及相关各要素的经济加工精度，通过力学计算保证节点具有足够的刚性。

快装式电梯钢结构节点刚性化设计就是构造可行合理的螺栓连接节点，保证钢结构体系在全生命周期内始终为一几何不变体系。

1.3.5 计算机辅助钢结构力学计算与分析方法

力学计算分析是电梯钢结构设计的基础性工作，也是其经济性、安全性和可靠性的有力保证。计算机辅助力学计算与分析是目前电梯钢结构设计通行方法。

有限元法是目前快装式钢结构电梯的钢结构和典型部件结构力学计算与分析最常用、最有效的方法。

有限元法是随着计算机技术的发展而迅速发展起来的一种现代设计计算方法。由于该方法的理论基础牢靠，物理概念清晰，解题效率高，适应性强，目前已成为机械产品动、静、热特性分析的重要手段，它的程序包已是机械产品计算机辅助设计方法库中不可缺少的内容之一[24]。

在工程分析和科学研究中，常常会遇到大量场问题，场问题的求解方法主要有两种：用解析法求精确解；用数值解法求近似解。而绝大多数问题很少能得出解析解，这就需要研究它的数值解法。目前工程中实用的数值解法主要有三种：有限差分法、有限元法和边界元法。其中有限元法通用性最好，解题效率高。1960 年以后，有限元法在工程上获得了广泛的应用，并迅速推广到机械、建筑、造船等各个工业部门。如在机械设计中，从齿轮、轴、轴承等通用零部件到机床、汽车、飞机等复杂结构的应力和变形分析（包括热应力和热变形分析）。采用有限元法计算，可以获得满足工程需要的足够精确的近似解。现今，有限元法的应用已遍及机械、建筑、矿山、冶金、材料、化工、交通、电磁以及汽车、航空航天、船舶等各个领域。

20 世纪 80 年代初期，国际上较大型的结构分析有限元通用软件多达几百种，其中著名的有 NASTRAN、ANSYS、ASKA、ADINA、SAP 等。这些软件对有限元法在工程中的应用起到了极大的推动作用。由于有限元通用软件使用方便，计算精度高，其计算结果已成为各类工业产品设计和性能分析的可靠依据。

（1）有限元法的基本思想和分析过程

有限元法的基本思想是通过固体力学分析方法，对工程中力学问题建立大型偏微分方程，然后将复杂连续的结构划分为有限个小的单元，再用节点把这些小单元连接在一起，以这些单元组成的集合体代替原来的连续体进行分析，所研究的集合体具有有限个自由度，为解析提供可能。这样将复杂连续体分析求解的问题转化为先研究每个单元中存在的力学关系，找出描述这种关系的公式后将其汇总起来，形成阶数有限的线性方程组，求解这个方程组即可得到连续体的数值解。

有限元法的分析过程可概括如下：

① 连续体离散化。所谓连续体是指所求解的对象（物体或结构），所谓离散化就是将所求解的对象划分为有限个具有规则形状的微小块体，把每个微小块体称为单元，两相邻单元之间只通过若干点相互连接，每个连接点称为节点。因而，相邻单元只在节点处连接，荷载也只通过节点在各单元之间传递，这些有限个单元的集合体即原来的连续体。离散化也称为划分网格或网络化。单元划分后，给每个单元及节点进行编号；选定坐标系，计算各个节点坐标；确定各个单元的形态和参数以及边界条件等。

② 单元分析。连续体离散化后，即可对单元体进行特性分析，简称为单元分析。单元分析工作主要有两项：选择单元位移模式（位移函数）和分析单元的特性，即建立单元刚度矩阵。

根据材料学、工程力学原理可知，弹性连续体在荷载或其它因素作用下产生的应力、应变和位移，都可以用位置函数来表示，那么，为了能用节点位移来表示单元体内任一点的位移、应变和应力，就必须搞清各单元中的位移分布。一般假定单元位移是坐标的某种简单函数，用其模拟内位移的分布规律，这种函数就称为位移模式或位移函数。通常采用的函数形式多为多项式。根据所选定的位移模式，就可以导出用节点位移来表示单元体内任一点位移的关系式。所以，正确选定单元位移模式是有限元分析与计算的关键。

选定好单元位移模式后，即可进行单元力学特性分析，将作用在单元上的所有力（表面力、体积力、集中力）等效地移置为节点荷载，采用有关的力学原理建立单元的平衡方程，求得单元内节点位移与节点力之间的关系矩阵——单元刚度矩阵。

③ 整体分析。在对全部单元进行完单元分析之后，就要进行单元组集，即把各个单元的刚度矩阵集成为总体刚度矩阵以及将各单元的节点力向量集成总的力向量，求得整体平衡方程。集成过程所依据的原理是节点变形协调条件和平衡条件。

④ 确定约束条件。上述所形成的整体平衡方程是一组线性代数方程，在求解之前，必须根据具体情况，分析与确定求解对象问题的边界约束条件，并对这些方程进行适当修正。

⑤ 有限元方程求解。解方程，即可求得各节点的位移，进而根据位移计算单元的应力及应变。

⑥ 结果分析与讨论。

用有限元法求解应力类问题时，根据未知量和分析方法的不同，有三种基本解法：

a. 位移法。它以节点位移作为基本未知量，选择适当的位移函数进行单元的力学特性分析，在节点处建立单元刚度方程，再合并组成整体刚度矩阵，求解出节点位移后，由节点位移再求解出应力。位移法优点是比较简单，规律性强，易于编写计算机程序，所以得到广泛应用。其缺点是精度稍低。

b. 力法。以节点力作为基本未知量，在节点处建立位移连续方程，求解出节点力后，再求解节点位移和单元应力。力法的特点是计算精度高。

c. 混合法。取一部分节点位移和一部分节点力作为基本未知量，建立平衡方程进行求解。

上述有限元法的分析过程与计算就是以位移法为例来介绍的。

有限元法的实际应用要借助两个重要工具：矩阵算法和电子计算机。上述有限元方程的求解，则需要借助矩阵运算来完成。

(2) 有限元单元划分方法及原则

将连续体离散化是有限元分析的第一步和基础。由于结构物的形状、荷载特性、边界条件等存在差异，所以离散化时，要根据设计对象的具体情况确定单元（网格）的大小和形状、单元的数目以及划分方案等。例如，对于桁架或刚架结构，可以取每一个杆作为一个单元，这种单元称为自然单元，常用的自然单元有杆单元、板单元、轴对称单元、薄板弯曲单元、板壳单元、多面体单元等。对于平面问题，可分为三角形单元、四边形单元等。对于空间问题，可分为四面体单元、六面体单元等。根据单元类型的维数，可分为一维单元（梁单元）、二维单元（面单元）和三维单元（体单元）等。

图 1-2 所示为杆状单元。因为杆状结构的截面尺寸往往远小于其轴向尺寸，故杆状单元属于一维单元，即这类单元的位移分布规律仅是轴向坐标的函数。这类单元主要有杆单元、平面梁单元和空间梁单元。如图 1-2(a) 所示，杆单元有两个节点，每个节点只有一个轴向自由度 μ，故只能承受轴向的拉压荷载。这类单元适用于铰接结构的桁架分析和模拟弹性边界约束的边界单元。平面梁单元适用于平面刚架问题，即刚架结构每个构件横截面的主惯性轴与刚架所受的荷载在同一平面内。平面梁单元的每个节点有三个自由度：一个轴向自由度 μ，一个横向自由度 ν（挠度）和一个旋转自由度 θ（转角），主要承受轴向力、弯矩和切向力。机床的主轴、导轨等常用这种单元模型。空间梁单元是平面梁单元的推广，这种单元每个节点有六个自由度，考虑了单元的弯曲、拉压、扭转变形。

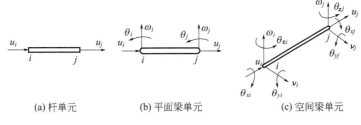

(a) 杆单元　　　　　(b) 平面梁单元　　　　　(c) 空间梁单元

图 1-2　杆状单元

常用的平面单元和多面体单元如图 1-3 所示。平面单元属于二维单元，单元厚度假定为远小于单元在平面中的尺寸，单元内任一点的应力、应变和位移只与两个坐标方向变量有关。这种单元不能承受弯曲荷载，常用于模拟起重机的大梁、机床的支承件、箱件、圆柱形管道、板件等结构。常用的平面单元有三角形单元和矩形单元，单元每个节点有两个位移自由度。多面体单元属于三维单元，即单元的位移分布规律是空间三维坐标的函数。常用的单元类型有四面体单元和六面体单元，单元的每个节点有三个位移自由度。此类单元适用于实心结构的有限元分析，如机床的工作台、动力机械的基础等较厚的弹性结构。

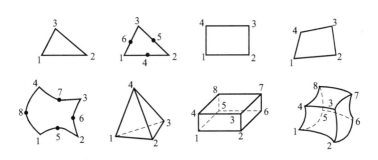

图 1-3　平面单元和多面体单元

单元的划分基本上是任意的，一个结构体可以有多种划分结果，但应遵循以下划分原则：

① 分析清楚所讨论对象的性质。例如，分清是桁架结构还是结构物，是平面还是空间等。

② 单元的几何形状取决于结构特点和受力情况，几何尺寸（大小）要按照要求确定。一般来说，单元几何形体各边的长度比不能相差太大。例如，三角形单元各边长之比尽可能取 1∶1，四边形单元的最长边与最短边之比不应超过 3∶1，这样可保证计算精度。

③ 单元网格面积越小，网格数量就相应增多，构成有限元模型的网格也就越密，则计算结果越精确，但计算工作量就越大，计算时间和计算费用也相应增加。因此在确定网格的大小和数量时，要综合考虑计算精度、速度、计算机存储空间等各方面的因素，在保证计算精度的前提下，单元网格数量应尽量少。

④ 在进行网格疏密布局时，应力集中或变形较大的部位，单元网格应取小一些，网格划分得密一些，而其它部分则可疏一些。

⑤ 在设计对象的厚度或者弹性系数有突变的情况下，应该取相应的突变线作为网格的边界线。

⑥ 相邻单元的边界必须相容，不能从一单元的边或者面的内部产生另一个单元的顶点。

⑦ 网格划分后，要将全部单元和节点按顺序编号，不允许有错漏或者重复。

⑧ 划分的单元集合成整体后，应精确逼近原设计对象。原设计对象的各个顶点都应该取成单元的顶点。所有网格的表面顶点都应该在原设计对象的表面上。所有原设计对象的边和面都应被单元的边和面所逼近。

单元特性的推导方法中，单元刚度矩阵的推导是有限元分析的基本步骤之一。目前，建立单元刚度矩阵的方法主要有以下四种：直接刚度法、虚功原理法、能量变分法和加权残数法。

1.4　本书主要内容

综上所述，快装式钢结构电梯作为一种新兴的特种设备，产品开发需要研究的内容涉及机械、建筑等多学科交叉，尽管一些学者对电梯和钢结构各领域的设计理论与方法进行了较深入的研究，但是对快装的钢结构电梯的设计理论与方法进行系统性、针对性的研究还是一个相对新的课题。本书的主要内容包含以下几个方面：

① 快装式电梯钢结构节点刚性化分析。由普通电梯的各部分组成分析引出了快装式钢结构电梯的钢结构子系统的组成、作用及其设计原则。从钢结构节点和钢结构的特点与性能出发，对快装式电梯钢结构的几何组成进行分析，为了增强钢结构的力学性能，提升电梯品质，提出了三种钢结构井道标准节节点刚性化结构设计方案，并应用有限元方法对各种节点刚性化结构方案进行了静力学仿真分析。

② 快装式钢结构电梯典型结构创新设计。针对钢结构电梯运输成本高和施工时间长的问题，从快装式钢结构电梯的主体结构、工装结构和基础结构三部

分，基于动态进化法则、时间分离原理、空间分离原理等创新方法，提出了快装式钢结构电梯的标准节及其连接结构、吊装运输工装结构以及钢结构电梯安装基础结构的创新设计方法，对钢结构电梯的典型结构进行创新设计，为减少快装式钢结构电梯的施工时间和降低运输成本提供了支撑。

③ 电梯钢结构的结构模块化设计。基于电梯钢结构模块化设计技术背景，从钢结构模块的划分、整梯系列和模块系列的规划、模块的创建、模块的接口、模块的重组及模块间的信息集成等方面介绍了电梯钢结构模块化设计理论和方法。依据电梯钢结构模块结构和功能的独立性将电梯钢结构分为井道、入户平台和楼梯连接钢结构模块。从电梯钢结构的模块编码、接口技术、模块连接类型、连接方法等方面对电梯钢结构进行了模块化设计。

④ 钢结构电梯面向快装的模块化设计。基于快装式钢结构电梯产品模块化设计的目的及意义，对模块化理论的发展历程和概念方法进行综述。按照需求、功能与结构三个层次对快装式钢结构电梯模块进行划分，从钢结构电梯模块化单位建立、安装、运输三个层面对其进行详细设计。基于模块编码基本原则对快装式钢结构电梯进行编码，并以产品结构的模块化和通用性为基础，构建钢结构电梯柔性产品平台，建立了快装式钢结构电梯产品族。

⑤ 钢结构电梯与既有建筑环境要素匹配技术。基于电梯与建筑环境匹配技术的背景，通过分析后锚固连接技术及连接方法对电梯与建筑环境匹配的后锚固结构进行设计。针对电梯-建筑环境匹配的安全性问题，从锚固原理、性能、局限性以及应用场合等方面对有机化学螺栓与膨胀螺栓机型对比分析。针对钢结构走廊平台与建筑物的匹配问题，介绍了两种入户方式和五种匹配形式。最后从既有建筑与新建电梯井道的基础沉降原因出发提出了既有建筑加装电梯的防沉降方法，并给出应用案例。

⑥ 快装式电梯典型钢结构部件强度刚度优化改进分析。针对快装式电梯典型刚度强度分析的问题，对 ANSYS 有限元分析方法进行了简要概述，从钢结构部件有限元模型、施加荷载以及误差分析三个方面给出了快装式电梯典型钢结构部件力学优化改进分析的基本过程。应用 ANSYS 对快装式钢结构电梯井道的刚度强度和电梯入户平台的刚度强度进行分析，验证了电梯钢结构井道与入户平台的可靠性。

⑦ 快装式电梯整体钢结构力学计算与分析。针对快装式电梯整体钢结构力学分析与计算问题，通过分析对比三种常见钢结构力学分析软件的优缺点，引入了更加适用于电梯整体钢结构分析的 3D3S 系列软件。从模型简化、模型建立、荷载施加以及验算结果等方面阐述了 3D3S 软件对电梯整体钢结构力学分析的具体过程。通过分析单体式和并联式钢结构电梯典型案例验证了在不同计算条件下 3D3S 对钢结构电梯力学分析的有效性。

本书的主要内容及内容间关系的组织结构如图 1-4 所示。

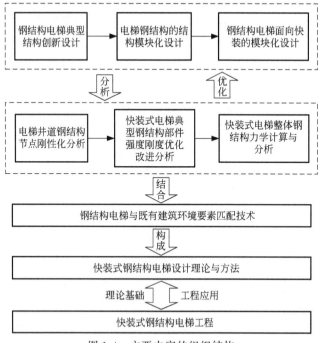

图 1-4　主要内容的组织结构

1.5　本章小结

本章分析了快装式钢结构电梯的产品特点及工程中的关键技术，综述了产品研发中涉及的全生命周期设计、模块化设计、创新设计、钢结构节点刚性化设计、计算机辅助钢结构力学计算与分析等主要设计理论和方法，提出了本书的主要研究内容，并对书中主要内容间关系的组织结构进行了描述。

参 考 文 献

[1] 刘立新，陈汉，王云强，等.基于 ANSYS 的快装式钢结构电梯井道仿真计算分析 [J].中国电梯，2018，29（02）：51-53，62.

[2] 王军芳，张洪宁.某老旧小区增设钢电梯的结构问题探讨 [J].建筑结构，2019，49（S2）：188-190.

[3] 孙钥菲，左志宁.加装住宅电梯钢架结构设计分析 [J].湖北农机化，2019（14）：120-121.

[4] 刘立新，陈汉，王云强.浅析旧楼加装钢结构电梯质量控制 [J].中国电梯，2019，30（17）：34-36.

[5] 陈颖.对旧有建筑加装钢结构电梯的探讨 [J].福建建筑，2012（03）：46-48.

[6] Zheng Jie. Research on the mechanical device and structure of the elevator [C]. where：Proceedings of 2019 2nd International Conference on Intelligent Systems Research and Mechatronics Engineering，2019.

［7］ Qin X R. Dynamic Stability Analysis of the Tower Structure of Construction Elevators ［C］. Singapore：Proceedings of 2013 4th International Conference on Applied Mechanics and Mechanical Engineering，2013.

［8］ 孙钥菲，左志宁.加装住宅电梯钢架结构设计分析 ［J］.湖北农机化，2019 （14）：120-121.

［9］ 王亮.探索高层钢结构建筑装配式快速安装技术 ［J］.低碳世界，2019，9 （03）：181-182.

［10］ 戴国洪.数字化预装配建模与序列规划技术的研究 ［D］.南京：南京理工大学，2007.

［11］ 李磊.数字化产品预装配序列生成、评价与优化研究 ［D］.西安：西北工业大学，2002.

［12］ 张宽.模块化设计方法在机械设计中的应用探讨 ［J］.世界有色金属，2019 （15）：213-214.

［13］ 刘双龙，王兵.模块化设计方法在机械设计中的应用探析 ［J］.装备制造技术，2018 （09）：168-171.

［14］ 李宁，刘峙.数控铣床气动快速工装的设计 ［J］.模具制造，2017，17 （09）：61-63.

［15］ 禹金云.机械安全技术趋向分析 ［J］.中国安全科学学报，2004 （04）：58-60.

［16］ 丁言武.机械设计自动化设备安全控制研究 ［J］.农村牧区机械化，2014 （03）：43-45.

［17］ 徐格宁，冯晓蕾.机械系统的风险概率与经济性安全评价方法研究与应用 ［J］.中国安全科学学报，2010，20 （06）：69-75.

［18］ 李惠，鲍跃全，李顺龙，等.结构健康监测数据科学与工程 ［J］.工程力学，2015，32 （08）：1-7.

［19］ 王小波.钢结构施工过程健康监测技术研究与应用 ［D］.杭州：浙江大学，2010.

［20］ 闻邦椿.机械设计手册：第 6 卷 ［M］.5 版.北京：机械工业出版社，2010.

［21］ 郭万林.机械产品全生命周期设计 ［J］.中国机械工程，2002，13 （13）：1153-1158.

［22］ 贾延林.模块化设计 ［M］.北京：机械工业出版社，1993.

［23］ 侯亮，唐任仲，徐燕申.产品模块化设计理论、技术与应用研究进展 ［J］.机械工程学报，2004 （01）：56-61.

［24］ 张鄂，买买提明.现代设计理论与方法 ［M］.北京：科学出版社，2014.

［25］ 杨茀康，李家宝，洪范文，等.结构力学 ［M］.北京：高等教育出版社，2016.

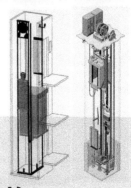

第 2 章　快装式电梯钢结构节点刚性化分析

在综述快装式电梯钢结构组成及其作用的基础上，依据钢结构的设计原则和要求，通过对钢结构的几何组成分析，提出了当工程中钢结构出现几何可变体系时务必通过增强节点的刚性将其转化为几何不变体系。基于钢结构节点的设计原理和方法创新设计了电梯钢结构井道标准节梁柱半刚性化节点的三种方案，并对三种方案进行了仿真分析，为电梯钢结构节点刚性化提供了可行性方案，为电梯钢结构设计提供了理论依据。

2.1　快装式电梯钢结构综述

2.1.1　快装式钢结构电梯的组成

传统电梯从占用的空间上来看，由机房、井道、轿厢和层站四个空间（部分）组成，这里井道结构是建筑物结构的一部分，常见钢筋混凝土结构。传统电梯的机电系统习惯分为八个子系统（组成部分），即曳引系统、导向系统、门系统、轿厢系统、重量平衡系统、电力拖动系统、电气控制系统和安全保护系统[1]。

快装式钢结构电梯则由八个机电子系统和钢结构子系统、外装饰层子系统共十个子系统组成。

2.1.2　快装式电梯的钢结构组成及作用

快装式电梯的钢结构由井道和入户平台两大部分组成。井道钢结构的作用与普通电梯的钢筋混凝土结构井道一样，一方面是支撑电梯机电系统八个子系统的各部件，另一方面是提供给轿厢系统一个运行的通道空间。入户平台钢结构的作用也是两个方面，一是连接井道钢结构与建筑结构，二是给电梯的乘客提供一个直接入户或进入楼房的走廊通道。

不同的快装式电梯的井道钢结构大同小异，通常由屋顶节、机房节、标准节、底部节组成。标准节有数节，之所以称为标准节，是因为有一定的互换性，标准节的高度通常与建筑层高一致，设计为 3～4m。其它井道节则只有一节，高度差别较大，屋顶节是位于井道钢结构的最上面一节，这一节的顶部有一个作用和形状与屋顶相同的板结构部分，故称之为屋顶节，高度可大可小，有的快装式电梯将屋顶节和机房节设计为一节。机房节是容纳曳引机和电气柜的一节，采用盘式曳引机的电梯通常不专门设置一机房节，而是将曳引机挂到最上面一个标准节的一个立面上。底部节是井道钢结构的最下面一节，其上面与标准节相连，下面与形成电梯底坑的钢筋混凝土结构的基础相连。井道钢结构整体上通常设计为四棱柱的空间杆系结构体系，四个主肢分布在矩形横截面的四个顶点上，四个立面上规则布置若干腹杆。

不同的快装式电梯的入户平台钢结构千差万别，就其整体而言，为平面框架结构，井道中心到建筑物墙面的距离和入户或入楼的位置到井道中心横向距离决定平台平面两个方向的尺寸。平台承受的最大荷载主要由客流量和平台地板材料确定，如有的用户要求地板用钢筋混凝土地板，平台承受的最大荷载则较大。平台轮廓形状与入户方式、建筑外墙形状有关。

2.1.3 快装式电梯的钢结构的设计原则和要求

钢结构是快装式电梯的骨架，承受着电梯自重和运行时的各种外荷载，是快装式电梯的主要组成部分，其重量通常占整机自重的 70% 左右，具体结构如图 2-1 所示。因此，钢结构的设计合理与否，对减轻自重、节约钢材，提高性能，提高可靠性等都有着重要意义，必须在结构的强度、刚度、稳定性等方面保证电梯安全可靠地工作[2]。

快装式电梯的钢结构必须遵守的设计原则为：安全、可靠、最大限度地满足客户需要。

快装式电梯的钢结构必须满足以下设计要求：

(1) 满足快装式电梯总体设计要求

快装式电梯钢结构应满足用户对电梯的作业空间要求，保证有足够的提升高度及人员和家居物品进出电梯和房屋的出入口尺寸，另外还要满足与建筑物、基础地基的良好匹配要求。

(2) 满足快装式电梯安全可靠的要求

为使电梯工作安全可靠，其钢结构必须有足够的强度、刚度、整体和局部稳定性。

图 2-1　快装式电梯的钢结构

（3）满足电梯快速安装、绿色安装的要求

快装式电梯是在既有建筑中居民正常居住生活的环境中实施安装的，为了最大限度地减少扰民，应尽可能缩短安装施工时间，尽可能快速地完成安装调试。同时面向安装做好钢结构设计，使安装工艺方法最大限度地保护环境、减少污染，如安装工艺中尽可能少、最好不采用焊接连接方法。

（4）重量轻、材料省

钢结构重量占电梯重量的 50% 以上，而整机重量是快装式电梯的重要技术经济指标[3]。因此降低钢结构的重量可以节约钢材、减轻运行的负荷、降低整机的造价。

（5）构造合理、工艺良好

快装式电梯钢结构的构造必须适应结构受力，并且有良好的工艺性，便于加工制造、运输、安装。

（6）造型美观

钢结构的外形、尺寸、比例，与外装饰层一起，应尽可能体现造型美感，常见的钢结构电梯造型如图 2-2 所示。

图 2-2　常见的钢结构电梯造型

2.2　快装式电梯钢结构体系分析

2.2.1　钢结构节点分析

在杆件结构中，几根杆件相互连接处称为节点。根据结构的受力特点和节点构造情况，常分为铰节点、刚节点和半刚性节点三类。

铰节点的特征是其所连接的各杆件都可以绕节点自由转动，受力不会引起杆端产生弯矩，当铰接连接梁和柱身时，只有垂直方向会受到剪力作用。铰接连接节点施工安装操作简单，实用性强，多用于梁和柱身、柱脚等钢结构端部的固定，以增强稳定性，加强钢结构端部的承受能力，起到保证土木建筑安全性的作用。

刚节点的特征是其所连接的各杆不能绕节点作相对转动，杆件变形前后在节点处的杆端切线的夹角保持不变。受力过程中刚节点能阻止杆件之间产生相对转角，因此杆端有弯矩、剪力和轴力。为保证钢结构的性能最大限度地发挥，需要保证钢结构节点和梁柱结构之间的角度在受力时尽量不发生变化，从而保证建筑物结构的稳定性。此外，刚性节点的连接强度要大于被连接构件的屈服强度，因此控制好节点连接的稳定性和强度非常重要。当所有的刚性节点完成以后，钢结构的节点功能能够得到有效的发挥。

半刚性节点是介于前两者之间的一种连接节点，梁与柱之间的夹角可以受限地改变。它具有一定的弯矩承受能力，还能够塑造钢结构的形状，因此半刚性结构还能够增加建筑的抗震能力和抗弯能力，从而能够提升钢结构的承载能力[4,5]。实际上，由于节点的刚度有限，且受到塑性阻力和临界荷载的影响，大部分节点的真实响应行为都是介于纯粹理想的铰接和刚性连接之间的，也就是说，某种程度上绝大部分的实际节点也均可作为半刚性节点讨论研究[6,7]。本章将半刚性节点作为讨论重点，将其优点归结如下：

① 因考虑了节点区域的相对变形，可缓解杆件内应力集中。

② 地震荷载作用下，节点部位能量耗散作用可以降低位移反应。

③ 灾后结构加固设计较容易处理。对历次地震灾害的统计也表明，相比于采用螺栓节点的半刚性连接，采用纯焊接节点的刚性连接出现的破坏问题明显更多[8~10]。

但是，由于半刚性节点施工难度较大，且当施工和设计不当时引起的钢结构弹性过大会影响钢结构的稳定性和安全性[11]，因此钢结构中半刚性节点设计和施工中的关键技术是现在钢结构节点研究的重中之重。

2.2.2 钢结构特点与性能

通常，杆件结构按其受力和变形特性可分为梁、拱、刚架和桁架四种类型，其中钢多杆结构大多数为刚架和桁架。刚架结构是由梁和柱组成的结构，其杆与杆之间全部为刚性连接，各杆件主要受弯，主要有弯矩、剪力和轴力等。刚架结构有易于组成几何不变体系的应用特点，从而使内部有较大的空间，便于使用。桁架是由若干杆件在两端铰接而成的结构，其各杆的轴线都是直线，当仅受作用于节点的荷载时，各杆只产生和传递轴向力，不能传递力矩。在节点处各杆可以相对转动，且桁架的每一个杆都是二力杆，界面上的应力均匀分布，可以充分地发挥材料的作用，因而在工程实际中有广泛的应用[12]。

杆件结构是由若干杆件相互连接组成的体系，将其与地基连接成一整体，用来承受荷载的作用。当不考虑各杆本身的变形时，结构应能保持其原有几何形状和位置不变，即不考虑材料的应变时，组成结构的各个杆件之间以及整个结构与地面之间应不致发生相对运动。根据体系受到任意荷载作用后能否保持其几何形状与位置不变，分为几何不变体系与几何可变体系。显然，电梯井道结构作为承重结构，为了能够承受任意外荷载的作用，不能采用几何可变体系，而只能采用几何不变体系。

电梯钢结构工程中，尤其是具有观光性能的电梯，为保证乘客有好的观光效果，减少视线遮挡，设计者常常在井道钢结构的四个立面上设计出大量如图 1-1 (b) 所示的几何可变体系单元，即在主肢和水平腹杆组成的矩形框架内不再设置斜腹杆，此时务必对节点做刚性化处理，保证节点有足够的刚性，使其转化为几何不变体系。

在各类材料的杆件结构中，钢结构施工简单，可操作性强，为建筑施工带来了很大便利，被广泛应用于现代建筑施工当中，是十分适宜建造大跨度和超高、超重型建筑类型的结构。据统计，在全世界的高层建筑中，70%～80% 的高层建筑都采用了钢结构[13]。对于加装电梯而言，虽然既有建筑几乎全部为钢筋混凝土结构或砖混结构，采用钢结构井道存在与既有建筑难以很好匹配的问题，而仍然采用钢结构，这是因为与钢筋混凝土结构相比，钢结构具有钢筋混凝土结构无法比拟的优点。

(1) 强度高、重量轻

钢结构大多采用钢材。钢材比木材、砖石、混凝土等建筑材料的强度要高出很多倍，因此当承受的荷载和条件相同时，用钢材制成的结构自重较轻，所需截面较小，运输和架设亦较方便。

(2) 塑性和韧性好

钢材具有良好的塑性，在一般情况下，不会因偶然超载或局部超载造成突然的断裂破坏，而是事先出现较大的变形预兆，以利人们采取补救措施。钢材还具有良好的韧性，使得结构对常作用在起重机械上的动力荷载的适应性强，为钢结构的安全使用提供了可靠保证。

(3) 材质均匀

钢材的内部组织均匀，各个方向的物理力学性能基本相同，很接近各向同性体，在一定的应力范围内，钢材处于理想弹性状态，与工程力学所采用的基本假定较符合，故计算结果准确可靠。

(4) 制造方便，具有良好的装配性

钢结构是由各种通过机械加工制成的型钢和钢板组成，采用焊接、螺栓或铆接等手段制造成基本构件，运至现场装配拼接，故制造简便、施工周期短、效率高，且修配、更换也方便。

(5) 密封性好

钢结构如采用焊接连接方式易做到紧密不渗漏，密封性好，适用于制作容器、油罐、油箱等。

(6) 耐腐蚀性差

起重机械经常处在潮湿环境中作业，用钢材制作的钢结构在湿度大或有侵蚀性介质情况下容易锈蚀，因而需经常维修和保护，如除锈、油漆等，维护费用较高。

(7) 耐高温性差

钢材不耐高温，随着温度的升高，钢材强度会降低，因此对重要的结构必须注意采取防火措施。

(8) 耐低温性差

低碳钢冷脆性一般以−20℃为界，对于我国的环境一般不用考虑低温性能，对于出口俄罗斯、乌克兰等国家的产品就必须考虑钢材的低温性能[14]。

基于以上的特点，绝大多数工程机械以及轻型的独立土木建筑结构均采用钢作为主要材料实现结构设计与制造。钢结构对于加装电梯的井道更是最佳选择。

2.3 标准节节点刚性化结构设计方案

2.3.1 节点设计原理与方法

通过前文对钢结构节点的分析可以看出，节点在结构体系中起着连接和传递力的作用，所以在钢结构体系中具有举足轻重的地位，钢结构节点连接方式设计的重要性也不言而喻。钢结构连接节点的连接方式主要有以下几种。

(1) 焊接

焊接连接是目前起重机械钢结构最主要的连接方法，其优点是构造简单、省材料、易加工，并易采用自动化作业；焊接的缺点是质量检验过程复杂，会引起结构的变形和产生残余应力。

(2) 螺栓连接

螺栓连接也是一种较常用的连接方法，具有装配方便、迅速的优点，可用于结构安装连接或可拆卸式结构中。缺点是构件截面削弱，易松动。螺栓连接分为普通螺栓连接和高强度螺栓连接两种，普通螺栓又分粗制螺栓和精制螺栓。由于高强度螺栓的接头承载能力比普通螺栓要高，还能减轻螺栓连接中钉孔对构件的削弱影响，因此，高强度螺栓已得到越来越广泛的应用。

(3) 铆钉连接

铆钉连接是一种较古老的连接方法，由于它的塑性和韧性较好，便于质量检查，故经常用于承受动力荷载的结构中。但制造费工、用料多、钉孔削弱构件截面，因此目前在机械制造中已逐步被焊接所取代。

（4）销轴连接

销轴连接是用于要求精度较高且经常拆卸的承受剪力的连接方式。主要用于两零件的铰接处，构成铰链连接。销轴通常用开口销锁定，工作可靠，拆卸方便。

（5）胶合连接

在起重机械钢结构中也采用胶合连接，胶合连接对构件的截面无削弱，也无残余应力和变形问题。在基础锚固和玻璃幕墙中应用较为广泛，在起重机械领域主要受力件的连接还属研究阶段，尚未推广应用。

在实际使用的钢结构中，焊接连接多形成刚性节点，销轴连接多形成铰节点，螺栓连接多形成半刚性节点。由于承重和美观设计等要求，电梯井道的钢结构设计无法全部使用焊接连接和销轴连接，很多关键的连接节点都需要使用螺栓连接为半刚性节点[15]。电梯井道钢结构所使用的螺栓连接主要为普通螺栓连接，高强度螺栓仅用于井道标准节的可拆性连接中。

（1）普通螺栓的种类和连接特点

普通螺栓分为 A、B 和 C 三级。C 级螺栓常用 Q235 热压制成，表面粗糙，尺寸精度不高，螺孔直径一般比螺栓直径大 1～2mm，便于安装。对螺孔制作要求较低，采用 Ⅱ 类孔，即螺孔是一次冲成或不用钻模钻成。由于螺杆与螺孔有较大间隙，连接受载时易产生初始滑移，各螺柱受剪不匀。因此，C 级螺栓一般只宜用在螺栓承受拉力的连接中，而不宜用在螺栓主要承受剪力的连接中。当在连接中同时承受较大剪力时，必须另设置焊接支托来专门承受剪力，如图 2-3 所示。

A、B 级螺栓常采用 Q235 或 35 钢车制而成，表面光滑，尺寸准确，螺孔直径一般比螺杆直径仅大 0.2～0.3mm。对螺孔制作要求很高，通常用钻模钻成，

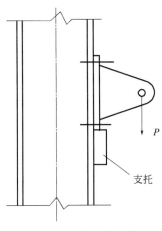

图 2-3　支托承剪结构

或在装配好的构件上钻成或扩钻成，称Ⅰ类孔。A、B级螺栓连接的抗剪性好，也不会出现滑移变形，但安装和制造费工，成本较高。

（2）螺栓连接的型式和布置

① 螺栓连接的型式　普通螺栓连接按其受力性质分为三种型式：

a.在外力作用下，构件接合面之间产生相对滑移，螺栓受剪，称为"剪力螺栓"连接；

b.在外力作用下，构件接合面之间产生相对脱开，螺栓受拉，称为"拉力螺栓"连接；

c.同时承受剪力和拉力作用的螺栓连接称为"拉剪螺栓"连接，在重要受力结构中，应尽可能避免这种连接，而采用由支托承剪的螺栓连接，如图2-3所示。

② 螺栓布置方式　无论哪种螺栓连接，螺栓布置方式都应根据构件的截面大小和受力特点，在满足连接构造要求、便于施工的条件下进行。

螺栓布置方式有并列［图2-4（a）］和错列［图2-4（b）］两种。并列布置简单，应用较多；错列布置可减少构件截面的削弱使连接紧凑，通常在型钢上布置螺栓受到肢宽限制情况时采用。

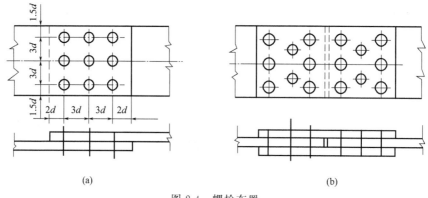

(a)　　　　　　　　　　(b)

图2-4　螺栓布置

对螺栓布置尺寸有一定的要求：螺栓行列间的间距和螺栓至板边的边距不得过大或过小。距离过大，被连接的板层贴合不紧密，易侵入潮气引起锈蚀；距离过小，会造成构件截面削弱过大，也不便拧紧螺母。

在角钢、槽钢及工字钢等型钢上布置螺栓时，还应注意型钢尺寸对螺栓布置和螺栓最大孔径的限制。另外，对于重要结构，为使连接受力合理，应尽量使螺栓群重心与构件的重心重合，以避免出现附加力矩。

（3）剪力螺栓连接的计算

① 剪力螺栓连接的破坏形式　当作用在螺栓连接中的剪力较小时，板层之

间靠螺栓拧紧力产生的摩擦阻力传递外力，此时连接处于弹性工作阶段，螺栓不受力。当外力增大，克服了摩擦阻力后，板层间出现相对滑移，螺杆接触孔壁，于是，由摩擦阻力、孔壁受压以及螺栓受剪共同传递连接件的外力（图 2-5），直至破坏。

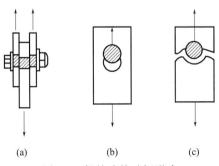

(a)　　　　　　(b)　　　　　　(c)

图 2-5　螺栓连接破坏形式

螺栓连接发生破坏时，有三种可能性：当螺栓杆直径较小，而构件厚度较大时，一般是因螺栓杆被剪断而破坏 [图 2-5(a)]；当螺栓杆直径较大，构件厚度相对较薄时，则连接构件由于构件孔壁被螺栓杆挤压而产生破坏 [图 2-5(b)]；连接构件由于开孔后截面削弱过多引起截面被拉断而破坏 [图 2-5(c)]。因此，为使连接安全可靠，必须保证上述三方面的承载能力。当然最经济的设计，应该使三者的承载能力相等或相近。剪力螺栓连接的应力状态是比较复杂的，为简化计算，在实际计算中，常采用一些假定：如连接构件为刚性的；不计构件之间的摩擦力；螺栓杆受剪时截面上受到均布剪应力；孔壁上的承压应力认为是均布的并作用在螺孔直径平面上，不考虑构件孔边的局部应力等。

② 单个剪力螺栓连接的承载能力计算　根据抗剪条件确定的单个剪力螺栓的许用承载力为：

$$[N_{\mathrm{j}}^l] = n_{\mathrm{j}}[\tau^l]\frac{\pi d^2}{4} \tag{2-1}$$

式中　n_{j}——单个螺栓的受剪面数目，$n_{\mathrm{j}}=1$ 为单剪螺栓，$n_{\mathrm{j}}=2$ 为双剪螺栓；

　　　d——螺栓杆的直径，mm；

　　　$[\tau^l]$——螺栓杆的许用剪应力，MPa。

根据抗压条件确定的单个剪力螺栓的许用承载力为：

$$[N_{\mathrm{c}}^l] = d\sum\delta[\sigma_{\mathrm{c}}^l] \tag{2-2}$$

式中　$\sum\delta$——在同一方向承压构件的较小总厚度，mm；

　　　$[\sigma_{\mathrm{c}}^l]$——螺栓孔壁承压许用应力，MPa。

按照式（2-1）和式（2-2）的计算结果，取两者中较小数值作为单个螺栓的许用承载力。

③ 受轴心力作用的受剪螺栓连接计算　当轴心力 N 通过螺栓群中心时，假设各螺栓受力相等，即轴心力 N 由每个连接螺栓均匀承受。故验算公式为：

$$N_{\max}=\frac{N}{n}\leqslant[N^l]_{\min} \tag{2-3}$$

式中　$[N^l]_{\min}$——按抗剪和抗压条件算得的 $[N_j^l]$ 和 $[N_c^l]$ 中的较小值。

对于不对称的搭接连接或用拼接板的单面连接，由于螺栓杆还受到因传力偏心引起的附加弯矩作用，因此，螺栓的数目应按计算结果增加 10%。

当型钢（角钢或槽钢）上的螺栓布置不下时，可采用辅助短角钢与型钢的外伸肢相连（图 2-6），在短角钢任一肢上的连接所用的螺栓数目，应按计算结果增加短角钢布置数目的 50%。

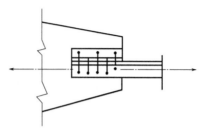

图 2-6　采用辅助短角钢连接

此外，考虑到在轴心力作用下，构件由于截面削弱遭到破坏，故还应按下式验算被接构件的净截面强度：

$$\sigma=\frac{N}{A_j}\leqslant[\sigma] \tag{2-4}$$

式中　A_j——构件扣除螺栓孔部分的净截面积，mm^2；

　　　$[\sigma]$——构件许用应力，MPa。

④ 受轴心力 N、剪力 Q 和力矩 M 作用的受剪螺栓计算　当外力没有通过螺栓群中心时，螺栓连接处于偏心受力状态，即受到轴心力和偏心弯矩共同作用。图 2-7 所示连接就属于这种情况。

在轴心力 N 作用下，计算方法如前所述。在力矩 M（对连接而言承受扭转力矩）作用下，假定被连接构件是绝对刚性的，螺栓为弹性的，被连接的构件将绕螺栓群中心产生相对转动而使螺栓受剪。在这种假定下，可认为每个螺栓所受剪力的大小与其到中心 O 的距离成正比，在轴心力 N 作用下，计算方法如前所述。在力矩 M（对连接而言承受扭转力矩）作用下，假定被连接构件是绝对刚性的，螺栓为弹性的，被连接的构件将绕螺栓群中心产生相对转动而使螺栓受剪。在这种假定下，可认为每个螺栓所受剪力的大小与其到中心 O 的距离 r_i 成正比，方向垂直于 r_i，即：

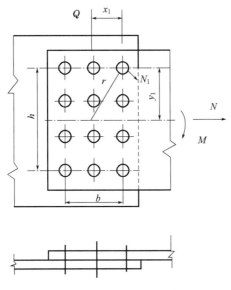

图 2-7　剪力螺栓群连接

$$\frac{N_1}{r_1}=\frac{N_2}{r_2}=\cdots=\frac{N_i}{r_i}=\cdots$$

平衡条件：

$$N_1r_1+N_2r_2+\cdots+N_ir_i+\cdots=M$$

$$M=\sum N_ir_i=\frac{N_1}{r_1}\sum r_i^2$$

离螺栓群中心 O 最远的一个螺栓受力最大，其值为：

$$N_{\max}=N_i=\frac{Mr_1}{\sum r_i^2}=\frac{M}{\sum x_i^2+\sum y_i^2}r_1$$

该螺栓的水平分力 N_1^x 和垂直分力 N_1^y 为：

$$N_1^x=\frac{M}{\sum x_i^2+\sum y_i^2}y_1 \qquad N_1^y=\frac{M}{\sum x_i^2+\sum y_i^2}x_1$$

在轴心力 N、剪力 Q 和弯矩 M 共同作用下，离螺栓群中心最远的螺栓所受合力应不超过单个螺栓的许用承载力，故验算公式为：

$$N_{\max}=\sqrt{\left(\frac{N}{n}+\frac{M}{\sum x_i^2+\sum y_i^2}y_1\right)^2+\left(\frac{Q}{n}+\frac{M}{\sum x_i^2+\sum y_i^2}x_1\right)^2}\leqslant[N^l]_{\min} \quad (2\text{-}5)$$

拉力螺栓连接的计算：拉力螺栓常用于法兰和 T 形连接，如图 2-8 所示。受力时，一般存在较大的偏心，构件将发生变形，使得螺栓杆除受外拉力 T，还受到附加拉力 Q。此外，杆颈螺纹处易产生应力集中。

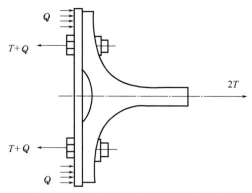

图 2-8　拉力螺栓用于法兰和 T 形连接

由于螺栓杆内力的确定较困难，因此，常采用降低许用应力的办法，以考虑上述不利因素。

（4）单个拉力螺栓连接的承载能力计算

单个拉力螺栓的许用承载力：

$$[N_1^l] = \frac{\pi d_0^2}{4} [\sigma_1^l] \tag{2-6}$$

式中　d_0——螺栓杆螺纹处的内径，mm；

　　　$[\sigma_1^l]$——螺栓的抗拉许用应力，MPa。

受轴心拉力作用的受拉螺栓连接计算：当轴心拉力 N 通过螺栓群中心时，可将轴心力平均分配于每个螺栓进行计算。因此，连接所需的螺栓数目按下式计算：

$$\frac{N}{n} \leqslant [N_1^l] \tag{2-7}$$

（5）受力矩作用的受拉螺栓连接计算

当螺栓连接承受力矩时（图 2-9），构件之间将发生相对翻转，使一部分接触面逐渐趋向分离，另一部分接触面趋向压紧。由于螺栓只受拉，压力则被连接件的挤压面承受，而挤压面的刚度较大，因此，通常假定将最边排螺栓的中心轴线作为螺栓连接的转动轴线。而且，假定各螺栓的拉力与螺栓至转动轴线的距离成正比，即按直线规律分布。

在忽略连接件之间的挤压力对转动轴线力矩影响的情况下，力矩平衡条件为：

$$M = N_1 y_1 + 2N_2 y_2 + 2N_3 y_3 + \cdots + 2N_6 y_6$$

假定其比例关系为：

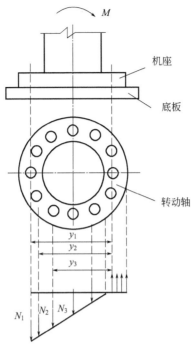

图 2-9　力矩作用下的拉力螺栓计算

$$\frac{N_1}{y_1}=\frac{N_2}{y_2}=\cdots=\frac{N_i}{y_i}=\cdots$$

代入力矩平衡条件式，得：

$$M=\frac{N_1}{y_1}(y_1^2+2y_2^2+\cdots+2y_6^2)=\frac{N_1}{y_i}\sum y_i^2$$

式中　y_i——各螺栓离转动轴的距离。

　　显然，离转动轴最远的一个螺栓受的拉力 N_1 最大。因此，在力矩作用下，拉力螺栓验算公式为：

$$N_{\max}=N_1=\frac{My_1}{\sum y_i^2}\leqslant[N_1^l] \tag{2-8}$$

（6）受轴心拉力和力矩同时作用的受拉螺栓连接计算

　　当螺栓连接偏心受拉时，就存在同时受轴心拉力 N 和偏心力矩 M 作用的受力状态。此时，当力矩较小时，构件绕螺栓群形心转动，底排和顶排螺栓的受力分别为：

$$N_{\max}=\frac{N}{n}+\frac{My_1}{\sum y_i^2}$$

$$\tag{2-9}$$

$$N_{\min}=\frac{N}{n}-\frac{My_1}{\sum y_i^2}$$

式中　y_i——各螺栓到螺栓形心的距离。

当 $N_{min} \geqslant 0$ 时说明螺栓受拉，构件绕形心转动，应对螺栓群中心取距，必须满足：

$$N_{max} = \frac{N}{n} + \frac{My_1}{\sum y_i^2} \leqslant [N_1^l] \tag{2-10}$$

式中　y_i——各螺栓到螺栓形心的距离。

当 $N_{min} < 0$ 时，说明连接下部受压，构件绕底排螺栓转动，应对底排螺栓取距，必须满足：

$$N_{max} = \frac{(M+Ne)y_1'}{\sum y_i'^2} \leqslant [N_1^l] \tag{2-11}$$

式中　y_i'——各螺栓离底排螺栓的距离。

对于同时受剪又受拉的螺栓，目前国内还无统一的计算方法（设计时要避免剪力和拉力同时存在）。常见的方法有两种：一种方法是验算螺栓的折算应力；另一种方法是考虑拉力的存在使得螺栓受剪减小，除了设置承受拉力螺栓外，还设置螺栓或支托来承受剪力。

2.3.2 梁柱半刚性节点设计方案

为了提高安装效率及安装质量，工程中常将钢结构做成标准节的形式，在厂房内预先制作好各标准节模块，然后到现场进行统一安装。在运输和吊装过程中，由于钢结构受力不均匀会使梁（横腹杆）、柱（主肢）在节点处产生较大弯矩，为使梁柱在节点处不易变形，则必须增加节点的刚性[16~18]。本节所讨论钢结构梁、柱分别采用工程中常用的方管和 H 钢，具体结构如图 2-10 所示。

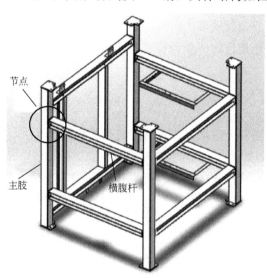

图 2-10　钢结构梁柱节点示意图

以增强钢结构梁柱半刚性节点刚性为目的，同时考虑实际工程中的美观度、受力、安装难易程度及成本条件等因素，分别设计出了三种半刚性节点结构[19]。

(1) 节点结构一

如图 2-11 所示，垫板 1 与方管焊接并在图示位置打孔、攻螺纹，垫板 2 与 H 钢端面焊接，并在垫板 1 相应位置打孔，垫板 1 与垫板 2 通过 M16 螺栓连接。

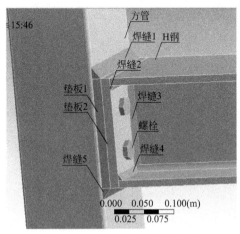

图 2-11　节点结构一结构形式

(2) 节点结构二

如图 2-12 所示，垫板 1 与方管焊接并在图示位置打孔、攻螺纹，垫板 2 与 H 钢端面焊接，并在垫板 1 相应位置打孔，垫板 1 与垫板 2 通过 M16 螺栓连接。与结构一相比，结构二两垫板的尺寸比结构一略大，且垫板打孔位置为 H 钢上下两侧。

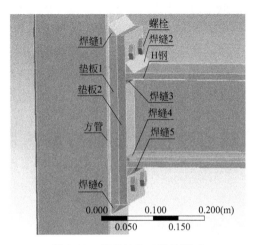

图 2-12　节点结构二结构形式

(3) 节点结构三

如图 2-13 所示，垫板与方管焊接并在图示位置打孔、攻螺纹，肋板 1 与肋板 2 在图示位置打孔，H 钢在图示位置打孔，肋板 1 与肋板 2 通过螺栓与垫板连接，H 钢通过螺栓与肋板 1 和肋板 2 连接。

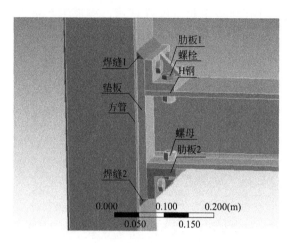

图 2-13　节点结构三结构形式

2.3.3　节点结构分析

结构一中垫板 1 与方管、垫板 2 与 H 钢的连接形式皆为焊接，若保证焊接质量，则可保证焊接位置无相对运动。垫板 1 与垫板 2 的连接形式为螺栓连接，当 H 钢受压时，垫板上下两螺栓孔距离较近，使得力臂较短，则会在螺栓和垫板处产生较大应力，从而增大结构产生变形的危险。因此，在结构一的基础上对垫板进行尺寸改进，形成结构二的连接形式。结构二中垫板上下两螺栓孔位置较远，从而力臂较长，则可以减小螺栓处的应力。另外，结构二中多了焊缝 2 与焊缝 5，增加了垫板 2 与 H 钢的连接强度。结构三是将结构一和结构二中垫板 2 的形式进行了改变，变为两块肋板，通过肋板增加节点处的刚度。另外，肋板与 H 钢为螺栓连接，可使安装简便。

2.4　标准节节点刚性化结构方案仿真与分析

2.4.1　仿真方法

本研究采用 ANSYS WORKBENCH 对三种形式的钢结构进行受力分析。所采用材料均为 Q235 钢，所加约束均为对方管的全约束，所加荷载均为 H 钢顶部的均布荷载，大小均为 2500Pa，如图 2-14 所示。

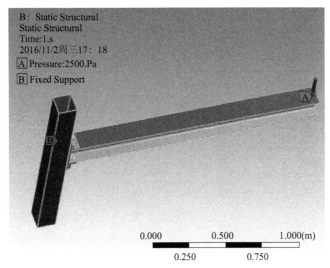

图 2-14　所加约束与荷载

本节所涉及的焊缝均以图 2-11 中焊缝 1 所示的三棱柱结构进行模拟，焊缝材料为 Q235 钢，其接触面的接触形式均设置为 Bonded（不允许接触面产生相对运动）。为使模拟计算更接近实际情况，本研究对各接触面的接触形式进行了设置。在结构一和结构二中，仅方管与垫板 1、垫板 1 与垫板 2、垫板 2 与 H 钢之间设置接触形式为 Frictional（允许接触面法向分离和切向滑动），其余接触形式皆为 Bonded。在结构三中，仅方管与垫板、方管与肋板、肋板与 H 钢之间设置接触形式为 Frictional，其余接触形式皆为 Bonded。

2.4.2　仿真结果分析

（1）节点结构一

结构一的总形变云图、节点处形变图、节点处应力云图、螺栓应力云图、焊缝应力云图分别如图 2-15~图 2-19 所示。结构一总变形量在 H 钢右端面达到最大值，约为 1.07mm；结构一节点处的变形主要为螺栓和垫板 2 的变形；结构一总应力在螺栓处达到最大值，约为 44.9MPa；结构一焊缝应力在焊缝 1 端点处达到最大值，约为 18.7MPa，焊缝 1 的中部和焊缝 3 的中上部也出现了较大的应力。

（2）节点结构二

结构二的总形变云图、节点处形变图、节点处应力云图、螺栓应力云图、焊缝应力云图分别如图 2-20~图 2-24 所示。结构二总变形量在 H 钢右端面达到最大值，约为 0.53mm；结构二节点处的变形主要为垫板 2 的变形；结构二总应力

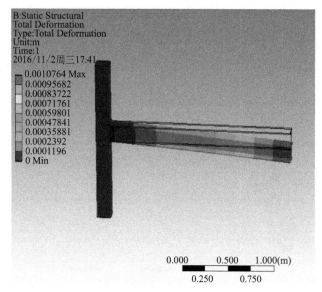

图 2-15 结构一的总形变云图

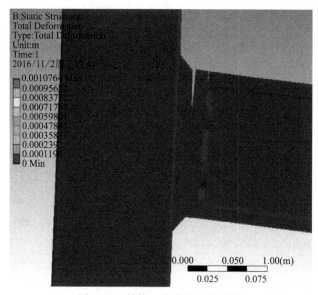

图 2-16 结构一的节点处形变图

在方管处达到最大值，约为 27.7MPa；结构二螺栓应力在上螺栓处达到最大，约为 15.4MPa；结构二焊缝应力在焊缝 1 端点处达到最大值，约为 13.9MPa，在焊缝 2 中部也出现了较大的应力。

(3) 节点结构三

结构三的总形变云图、节点处的局部形变图、节点处应力云图、螺栓应力云

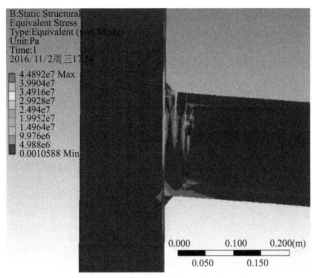

图 2-17 结构一的节点处应力云图

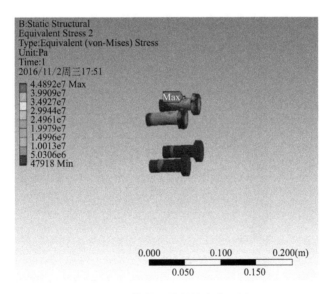

图 2-18 结构一的螺栓应力云图

图、焊缝应力云图分别如图 2-25～图 2-29 所示。结构三总变形量在 H 钢右端面达到最大值，约为 0.56mm；结构三节点处的变形主要为垫板的变形以及肋板的旋转；结构三总应力在 H 钢端面处达到最大值，约为 26.4MPa；结构三螺栓应力在上螺栓处达到最大，约为 20.4MPa；结构三焊缝应力在焊缝 1 端点处达到最大值，约为 14.8MPa，在焊缝 2 中部也出现了较大的应力。

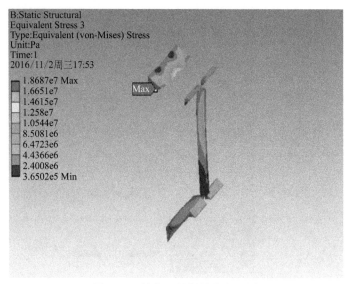

图 2-19　结构一的焊缝应力云图

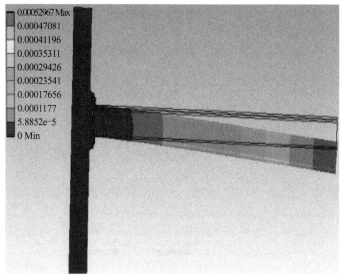

图 2-20　结构二的总形变云图

2.4.3　仿真结果对比分析

各结构形变及受力情况对比如表 2-1 所示，结构一中，横腹杆的形变量最大，结构二和结构三中横腹杆形变量较为相似，可以看出将垫板上下两螺栓距离增大有助于降低结构的形变量；另外，在螺栓和焊缝受力方面，结构二与结构三较为相似，都小于结构一。综上对比，结构二在安装情况与结构一相似的情况下

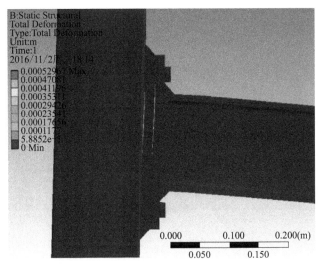

图 2-21　结构二的节点处形变图

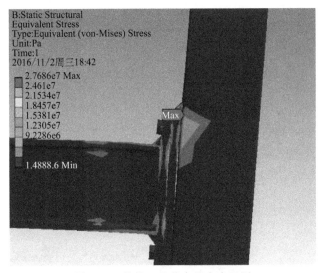

图 2-22　结构二的节点处应力云图

能明显降低各关键部位的受力；结构三的受力情况稍差于结构二，但具有安装简便的优势。

表 2-1　各结构形变及受力情况对比

项目	结构一	结构二	结构三
最大形变量/mm	1.07	0.53	0.56
螺栓最大应力/MPa	44.9	15.4	20.4
焊缝最大应力/MPa	18.7	13.9	14.8

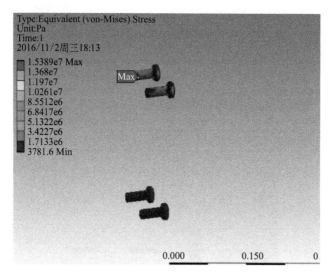

图 2-23　结构二的螺栓应力云图

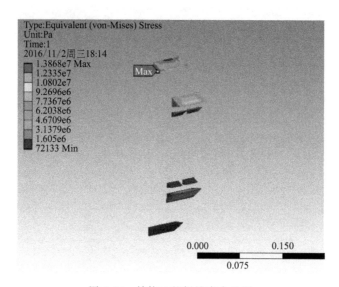

图 2-24　结构二的焊缝应力云图

2.4.4　分析结论

　　本章所研究三种节点结构形式中，结构一安装简单，且螺栓位于 H 钢内侧，在钢结构梁柱受力不大且对美观度要求较高的条件下可优先选用此结构；结构二受力情况最好，在对钢结构梁柱承载力要求较高的条件下应优先选用此结构；结构三力学性能稍差于结构二，但焊缝最少、安装相对简单，综合性能

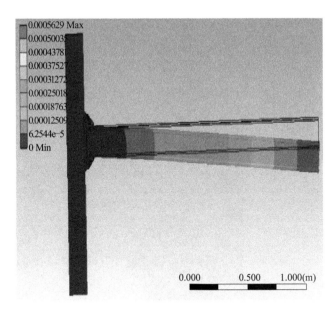

图 2-25　结构三的总形变云图

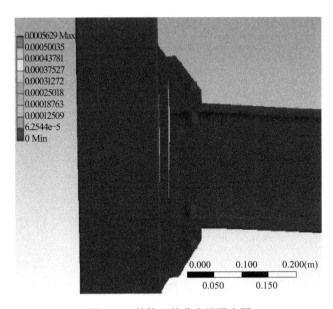

图 2-26　结构三的节点处形变图

较好，在对钢结构梁柱受力及安装效率有一定要求的条件下，可优先选用该结构。

　　综上，所设计的三种钢结构梁柱半刚性节点方案能够满足工程中对钢结构节

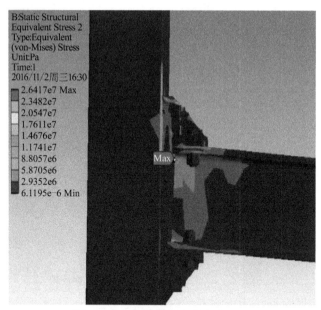

图 2-27   结构三的节点处应力云图

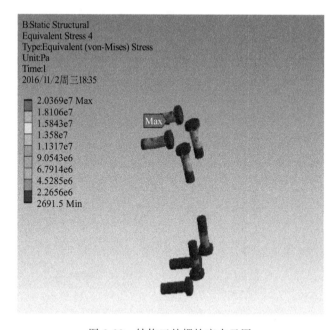

图 2-28   结构三的螺栓应力云图

点受力、安装及美观度等方面的不同要求，也能为其它钢结构梁柱变形型式节点的设计提供参考。

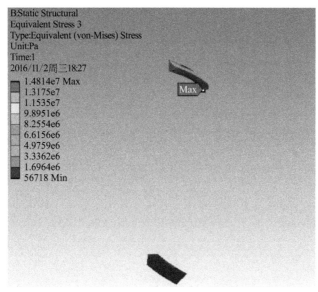

图 2-29 结构三的焊缝应力云图

2.5 本章小结

本章围绕电梯钢结构节点刚性化理论与方法展开研究，在综述快装式电梯钢结构组成及其作用的基础上，依据钢结构的设计原则和要求，首先分析了钢结构节点的形成机理，给出节点设计力学计算理论，最终通过钢结构基本组成单元的几何组成分析，明确提出：电梯钢结构工程中从人机工程学的角度常常会设计出几何可变体系，此时务必通过保证节点足够的刚性使其转化为几何不变体系。基于钢结构节点的设计原理和方法创新设计了电梯钢结构井道标准节梁柱半刚性化节点的三种方案，并对三种方案进行了仿真分析。为电梯钢结构节点刚性化提供了可行性方案，为电梯钢结构设计提供了理论依据。

参 考 文 献

[1] 张青，张瑞军. 工程起重机结构与设计 [M]. 北京：化学工业出版社，2008.

[2] 刘悦，容芷君，但斌斌. 公理设计在产品设计中的研究综述 [J]. 机械设计，2013，30（2）：1-9.

[3] Wittenberghe J V, Coste A. Fatigue Testing of Large-Scale Steel Structures in Resonance with Directional Loading Control [J]. Procedia Structural Integrity，2019，19：41-48.

[4] 柳晓. 试论建筑钢结构节点分类及设计要点 [J]. 居舍，2019（34）：128.

[5] 龙驭球. 结构力学（Ⅰ）：基础教程 [M]. 4版. 北京：高等教育出版社，2018.

[6] 廖芳芳，王伟，陈以一. 往复荷载下钢结构节点的超低周疲劳断裂预测 [J]. 同济大学学报（自然科学版），2014，42（04）：539-546，617.

[7] Díaz C，Martí P，Victoria M，et al. Review on the modelling of joint behaviour in steel frames [J]. Journal of Constructional Steel Research，2010，67（5）：741-758.

[8] Boukhalkhal S H，Abd I，Neves L，et al. Performance assessment of steel structures with semi-rigid joints in seismic areas [J]. International Journal of Structural Integrity，2019，11（01）：13-28.

[9] 王诺思.钢结构梁柱半刚性节点设计现状及趋势浅谈 [J].四川建材，2015（02）：38-39.

[10] 王涛.浅论高层建筑钢结构的节点设计原理与实践 [J].门窗，2012（10）：271-274.

[11] Movaghati S，Abdelnaby A E. Experimental study on the nonlinear behavior of bearing-type semi-rigid connections [J]. Engineering Structures，2019，199：01-10.

[12] 哈尔滨工业大学理论力学教研室.理论力学（Ⅰ）[M].8版.北京：高等教育出版社，2016.

[13] 郝际平，孙晓岭，薛强，等.绿色装配式钢结构建筑体系研究与应用 [J].工程力学，2017，34（01）：1-13.

[14] 王积永，张青，沈孝芹.起重机械钢结构设计 [M].北京：化学工业出版社，2011.

[15] 郭兵，郭彦林，柳锋，等.焊接及螺栓连接钢框架的循环加载试验研究 [J].建筑结构学报，2006（02）：47-56.

[16] 程炜.浅谈高层钢结构节点设计 [J].科技与企业，2015（03）：133-136.

[17] 顾正维.钢结构半刚性连接的非线性分析 [D].杭州：浙江大学，2003.

[18] 陈颖.对旧有建筑加装钢结构电梯的探讨 [J].福建建筑，2012（03）：46-48.

[19] 刘立新，仉硕华，张青，等.钢结构梁柱半刚性节点连接 3 种设计方案及其对比 [J].中国电梯，2018，29（01）：7-10，62.

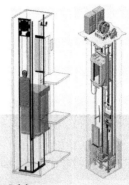

第**3**章　快装式钢结构电梯典型结构创新设计

　　针对钢结构电梯的大型模块化组件制造工艺复杂、运输成本高和安装拼接施工时间长的问题，以快装式钢结构电梯主体结构、工装结构和基础结构等典型结构作为出发点，应用创新理论与方法，分析钢结构电梯典型结构中的物理冲突，对钢结构电梯的典型结构进行创新设计，改进钢结构电梯的标准节及连接结构、相关活动部件的运输固定结构以及钢结构电梯基础底坑和地脚螺栓定位装置，为减少快装式钢结构电梯的施工时间和运输成本提供了工程依据，且为钢结构电梯创新设计提供理论依据。

3.1　概述

　　快装式钢结构电梯通常需要将钢结构井道结构、曳引提升系统、控制柜和轿厢结构等电梯主体结构在工厂内进行模块化预组装，再将预组装好的电梯模块运输到施工现场，运用起重机进行现场吊装拼接[1,2]。

　　钢结构电梯的模块化主体结构通过大型车辆进行运输，因此对钢结构模块化主体进行合理设计对降低运输成本有重要意义；钢结构电梯的吊装、拼接等施工过程是影响钢结构电梯安装效率的主要因素，因此对钢结构吊装拼接工装结构进行合理设计可以加快电梯拼装效率、缩短施工时间；钢结构电梯的基础结构关系到电梯安装完成后的运行安全问题。鉴于此，本章将结合创新设计方法中的空间、时间分离原理和动态进化法则等创新方法[3]，从钢结构电梯主体结构、工装结构和基础结构中分别选取几种典型结构对快装式钢结构电梯创新设计进行阐述。

3.2 钢结构电梯主体结构创新设计

3.2.1 快装式钢结构电梯片式井道标准节设计

井道作为电梯轿厢的运行空间，承载着电梯部件、钢结构外装潢、钢结构金属屋顶和部分连廊的重量，是电梯系统的关键受力部分[4]。旧楼事先没有预留井道，在加装电梯时通常的解决办法是将钢结构做成井道安装在室外。老楼快装式钢结构电梯井道采用标准节式设计，在施工时将标准节罗列连接形成井道，现有钢结构井道都是通过大型车辆将标准节在内的各种部件运送到现场安装而成，由于标准节是按照标准制作，每个标准节占据很大的体积，这大大增加了运输成本。

针对电梯标准节运输成本昂贵和现有技术存在不足的问题，设计人员应用创新设计方法设计出结构相对简单的老楼快装式钢结构电梯片式井道标准节[5]，这种标准节安装使用方便快捷，结构刚度好，又能降低运输成本。

老楼快装式钢结构电梯片式井道标准节主要由四个标准节片依次连接而成，结构如图 3-1 所示。其主要由四个标准节片依次连接而成，四片标准节片结构各不相同：

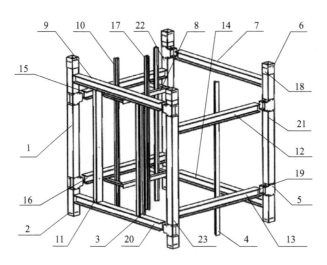

图 3-1 井道片式标准节片组装图

1—主肢 A；2—连接孔；3—右门口立柱；4—T 形导轨；5—连接件 A；6—弯板 A；7—上横杆 A；
8—导轨架；9—上横杆 B；10—空心导轨；11—门口右立柱；12—上横杆 C；13—下横杆 C；
14—下横杆 A；15—上横杆 D；16—下横杆 D；17—T 形导轨；18—弯板 B；19—连接件 B；
20—下横杆 B；21—主肢 B；22—主肢 C；23—主肢 D

第一片包括主肢 A、上横杆 B 和下横杆 B、左门口立柱和右门口立柱。上横杆 B 和下横杆 B 水平放置且一端与主肢 A 连接，右门口立柱和左门口立柱安装在上横杆 B 和下横杆 B 中间且垂直横杆；

第二片包括主肢 D，上横杆 C 和下横杆 C 水平放置且一端与主肢连接，上横杆 C 和下横杆 C 上安装有轿厢用 T 形导轨 A，导轨竖直安装；

第三片包括主肢 B，上横杆 A 和下横杆 A 水平放置，一端与主肢连接；

第四片包括主肢 C，上横杆 D 和下横杆 D 水平放置，一端与主肢连接，上横杆 D 和下横杆 D 各装有一个轿厢——配重共用导轨架，导轨架与横杆组成的圈内部装有两根配重用空心导轨，外部平行于上横杆 D 和下横杆 D 装有一根轿厢用 T 形导轨 B；在每根主肢上都安装有与另一片式标准节横杆相配的连接件 A 和 B。

主肢均为方管，其一端设置有两片弯板 A 和 B 组成的套筒，另一端设置有可供两片弯板组成的套筒连接的连接孔。每片弯板角度为 90°且刚好与主肢配合，该构件的设置大大提高了电梯钢结构井道的组装速度。

连接件 A、B 用来连接一片标准节的主肢与另一片与之相配的标准节的横杆，通过螺栓进行连接，进而实现主肢与横杆的连接。每个连接点采用两个连接件，连接件在主肢与横杆连接的角上设置有肋板，肋板的设置大大增加了标准节的刚度与稳定性。

片式井道标准节设计中用一根方管作为主肢，其一端设置有两片弯板组成的套筒，另一端设置有可供两片弯板组成的套筒连接的连接孔。每片弯板角度为 90°且刚好与主肢配合，弯板垂直的两片板上各开有三个孔，不同板上的孔不在同一竖直平面内且连接时彼此不受影响。该构件的设置大大提高了电梯钢结构井道的组装速度。

片式井道标准节设计中的连接件用来连接一片标准节的主肢与另一片与之相配的标准节的横杆，连接件的一端扣接在主肢上且通过螺栓与主肢相连接，连接件的另一端扣接在另一片标准节的横杆上且通过螺栓进行连接，进而实现主肢与横杆的连接。每个连接点采用两个连接件，连接件在主肢与横杆连接的角上设置有肋板，肋板的设置大大增加了标准节的刚度与稳定性。

快装式钢结构电梯片式井道标准节分析了大型组装部件与运输问题之间的矛盾，运用创新方法中的动态进化原理与空间分离原理，将钢结构电梯标准节分片化设计，与现有常用标准节相比，具有以下优点：

① 快装式钢结构电梯片式井道标准节将钢结构标准节拆分成四片，减小了标准节的运输体积，减少了运输成本。

② 在工厂内完成预组装，运输到施工现场后现场安装，方便快捷。

③ 兼顾标准节的运输成本与安装质量，在降低运输成本的同时，并未削减

电梯标准节的刚度和强度。

3.2.2　快装式钢结构电梯井道标准节连接结构设计

在快装式钢结构电梯现场施工过程中，钢结构井道的标准节的连接方式通常可采用焊接、高强度螺栓连接，也可以采用焊接与高强度螺栓连接的栓焊混合连接[6]。但对于安装时间要求很高的快装钢结构电梯，传统的连接方式就显得费时费力，而且施工对周围区域居民的生活也造成极大的影响。

为了缩短钢结构井道的安装时间，加快工作效率，对快装钢结构井道标准节连接结构进行创新设计，得到新型的标准节连接结构和安装方法。快装钢结构井道新型标准节连接结构及安装方法[7]，不但结构牢固，而且便于运输，安装方便，大大地提高了快装电梯的现场安装效率。

快装钢结构井道新型标准节连接结构如图 3-2 所示，图 3-2(a) 为相邻标准节的主肢连接方式示意图，图 3-2(b) 为新型连接结构放大图，图 3-2(c) 为单个标准节连接结构示意图。

新型标准节由电梯钢结构井道标准节、外连接装置与锥子型导向内连接装置组成。电梯钢结构井道由主肢与水平横杆组成，主肢与水平横杆通过焊接连接组成一个刚性整体；外连接装置由连接套、连接螺栓与螺母组成，连接套与主肢焊接连接，均匀分布于每个主肢端部的四个侧面，连接螺栓与连接套采用螺纹连接，将两电梯钢结构井道标准节连接起来，螺母与连接螺栓采用螺纹连接；锥子型导向内连接装置由内方管、端板、衬板、梯形板组成，端板焊接在内方管顶端部，并且焊接完成后端板略凹于主肢顶端平面，衬板焊在端板四周且与钢结构主肢内侧留 1～2mm 间隙，两块底边等于立柱内侧面长度的相同梯形板焊接在衬板上，且它们的上底焊接在一起，锥子型导向内连接装置的最大水平方向周长比主肢内侧面水平周长大 0.1～2mm，达到标准节连接时过盈配合的效果，内方管与主肢采用焊接连接，位于每个标准节主肢的一端。

若将所述的钢结构井道标准节连接结构运用到现场安装，安装方法包括步骤①～⑤：

① 吊装：将一个在工厂加工组装好的电梯钢结构井道标准节吊起，使其主肢基本对准下方已固定的标准节的主肢；

② 放下：在吊机的作用下将电梯钢结构井道标准节缓缓放下，在其下降的过程中，人为辅助使吊着的标准节主肢套在锥子型导向内连接装置上；

③ 落实：在电梯钢结构井道标准节自重以及外力的作用下，使上部标准节完全落下，直至两标准节端部相接触；

④ 固定：在标准节落实之后，将螺栓在对应位置拧紧，要求对四个主肢的螺栓同时拧紧，先进行预拧紧操作，再完全拧紧；

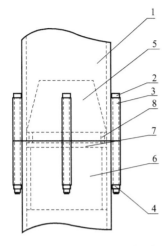

(a) 相邻标准节的主肢连接方式示意图

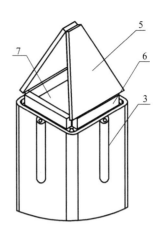

(b) 新型连接结构放大图

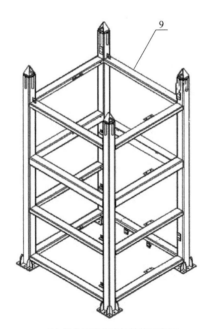

(c) 单个标准节连接结构示意图

图 3-2 快装钢结构井道新型标准节连接结构示意图

1—主肢；2—连接螺栓；3—连接套；4—螺母；5—梯形板；6—内方管；

7—端板；8—衬板；9—水平横杆

⑤ 完成安装。

快装钢结构井道标准节新型连接结构及安装方法通过改变传统标准节之间的连接方式和定位方式，使快装式钢结构电梯的施工更加方便。与现有的快装式钢结构电梯标准节的连接结构和连接方法相比，具备以下优点：

① 采用了过盈配合与螺栓连接的混合连接方式，为连接节点的安全性提供了双重保障。

② 新型连接结构中的锥子型导向内连接装置与主肢之间的过盈配合为螺栓连接提供了一个防松反力，进一步保障了连接的安全性。

③ 连接结构中连接管一端焊接有锥头，可以为井道钢结构标准节的现场安装定位提供极大的便利。

④ 这种连接结构和快装钢结构井道的每个标准节都可以提前在工厂完成焊接，只需要在施工现场拼接即可，极大地缩短现场施工时间，易于实现，且运输方便，安装快捷，减小了对施工地点周围居民生活的影响。

3.2.3 快装式钢结构电梯用金属屋顶设计

钢结构电梯的金属屋顶对电梯井道、曳引提升系统、轿厢系统等主体结构具有保护作用，传统的钢结构电梯用金属屋顶都是在电梯井道结构安装完成后，将施工人员运送至高空现场测量、下料焊接并安装，施工周期长，且高空作业危险性大。

为了缩短施工周期，降低高空作业的危险性，对钢结构电梯用金属屋顶进行创新设计，设计出新型标准节一体式钢结构电梯金属屋顶[8]，将金属屋顶与钢结构井道顶部标准节在工厂内安装好，实现整体吊装和运输，减少屋顶现场安装的时间，降低工人高空作业的危险。

新型标准节一体式钢结构电梯金属屋顶由吊装支架、檩条Ⅰ、檩条Ⅱ和岩棉彩钢板组成，具体结构如图 3-3 所示，其中，图 3-3（a）为标准节一体式钢结构电梯金属屋顶总装示意图，图 3-3（b）为标准节一体式钢结构电梯金属屋顶局部示意图。

在新型金属屋顶吊装支架上端开有吊装圆孔，檩条Ⅰ与檩条Ⅱ两端均开有缺口，岩棉彩钢板上对应吊装支架位置开有矩形孔，吊装支架带有吊装圆孔端穿过岩棉彩钢板上的矩形孔，另一端与钢结构井道顶部标准节焊接连接，檩条Ⅰ和檩条Ⅱ的两端缺口均卡在钢结构井道顶部标准节上并焊接连接，岩棉彩钢板与檩条Ⅰ、檩条Ⅱ均用钻尾丝固定连接，实现金属屋顶与钢结构井道顶部标准节在工厂内组装成一个整体，减少现场高空作业时间和施工周期。

为了保障吊装过程中的安全性和稳定性，在金属屋顶上安装四个吊装支架，焊接连接在钢结构井道顶部标准节四角，岩棉彩钢板有若干块，岩棉彩钢板上对应吊装支架位置开有矩形孔，吊装圆孔开在吊装支架位于岩棉彩钢板上面部分。檩条Ⅰ和檩条Ⅱ两端的缺口均为 L 形缺口，调整檩条两端的缺口纵向尺寸大小可以实现对金属屋顶倾斜度的调节。岩棉彩钢板上矩形孔周围涂抹密封胶，连接岩棉彩钢板和檩条Ⅰ、檩条Ⅱ的钻尾丝周围也涂抹密封胶，实现防水。

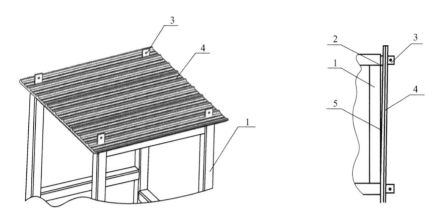

(a) 标准节一体式钢结构电梯金属屋顶总装示意图　　(b) 标准节一体式钢结构电梯金属屋顶局部示意图

图 3-3　钢结构电梯用金属屋顶结构示意图

1—钢结构井道顶部标准节；2—檩条Ⅰ；3—吊装支架；4—岩棉彩钢板；5—檩条Ⅱ

在设计新型标准节一体式钢结构电梯金属屋顶时，分析了传统钢结构电梯金属屋顶与钢结构顶端标准节安装不同步的冲突，运用了组合原理的方法，将新型快装式钢结构电梯金属屋顶与钢结构电梯顶部标准节在拼装施工前，提前组合安装，相较于传统钢结构电梯的金属屋顶，新型金属屋顶有以下优点：

① 新型钢结构金属屋顶与钢结构井道顶部标准节在工厂内组装完成，实现整体运输和吊装，减少了高空作业时间和现场施工周期，降低了工人高空作业的危险性。

② 新型金属屋顶的檩条可以通过控制其上缺口的纵向尺寸大小实现对金属屋顶倾斜度的调节，通用性好。

③ 新型钢结构金属屋顶结构简单，易于实现。

3.2.4　钢结构电梯轿厢固定结构

一般情况下，钢结构电梯的轿厢与电梯井道标准节均是运输到施工现场进行现场安装，轿厢与标准节都占用运输空间，运输成本较高，而且电梯的轿厢现场安装工序烦琐，造成现场安装周期延长，施工效率低。

为了方便快装式钢结构电梯的运输，降低运输成本，减少钢结构电梯的施工工序，提高工作效率，需要将电梯轿厢在工厂内与标准节预组装，为了更好地将钢结构电梯轿厢和电梯井道标准节固定在一起，设计了一种钢结构电梯轿厢固定结构[9]。钢结构电梯轿厢固定结构包括钢结构井道和电梯轿厢，具体结构如图 3-4 所示，其中，图 3-4（a）表示钢结构电梯轿厢固定结构轴测图，图 3-4（b）

表示钢结构电梯轿厢固定结构俯视图。

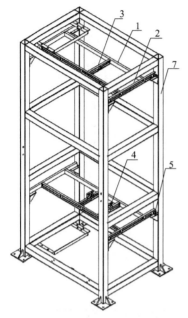 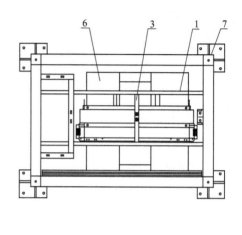

(a) 钢结构电梯轿厢固定结构轴测图   (b) 钢结构电梯轿厢固定结构俯视图

图 3-4 　钢结构电梯轿厢固定结构示意图

1—长槽钢；2—短槽钢；3—安装槽钢；4—连接件；5—安装支架；6—电梯轿厢；7—立柱

钢结构井道短边侧的立柱内侧与电梯轿厢上下侧分别固定有安装支架，安装支架采用 L 型钢结构，L 型钢结构内部焊接有加强筋，同一短边侧的安装支架之间固定有短槽钢，短槽钢之间通过螺栓固定两根平行分布的长槽钢，两根长槽钢之间通过螺栓固定一根安装槽钢，上述结构分别在电梯轿厢上下侧安装两套，用于对电梯轿厢的上下侧进行同步固定。

位于上部的安装槽钢下部与电梯轿厢上部的上梁通过螺栓连接，位于下部的安装槽钢上部通过连接件与电梯轿厢下部的下梁连接，连接件采用 C 型钢构件，连接件与安装槽钢、下梁之间分别通过螺栓连接，通过该结构可以将电梯轿厢在厂内预先组装在钢结构井道框架内。

钢结构电梯轿厢固定结构与现有钢结构电梯运输、安装技术相比，具有以下优点：

① 结构设计合理，适用于旧楼加装电梯的钢结构井道。

② 电梯轿厢可以在厂内预先组装在钢结构框架内，节省现场安装时间及安装空间。

3.3　电梯工装创新设计

3.3.1　快装式钢结构电梯井道标准节吊装工装设计

　　钢结构电梯井道由多节标准节组装而成，标准节的吊装质量关系到整个电梯设备的可靠性，因此，如何安全、高效地对钢结构电梯井道标准节进行吊装成为时下亟待解决的问题。传统的钢结构标准节由于事先没有预留安装平台，一般采用在电梯井道周围搭设脚手架的方法对其进行安装，耗费大量财力物力，且耗用时间也较长。

　　为了更加安全高效地对钢结构电梯井道标准节进行吊装拼接，对钢结构电梯井道标准节吊装工装进行分析，设计了快装式钢结构电梯井道标准节吊装工装[10]，很好地解决了上述存在的问题和不足。

　　快装式钢结构电梯井道标准节吊装工装用于对钢结构电梯井道标准节进行吊装，包括吊装固定座、爬梯及工作平台，具体结构如图 3-5 所示。

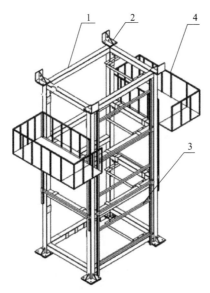

图 3-5　快装式钢结构电梯井道标准节吊装工装
1—标准节；2—吊装固定座；3—爬梯；4—工作平台

　　吊装固定座由固定座底板、固定座筋板和固定座侧板组成，固定座底板设有四个螺栓孔，固定座底板通过螺栓与标准节各主弦梁座板相连接，固定座筋板设有两个吊装用孔，吊装用孔与吊具相连接，固定座侧板与固定座底板、固定座筋板相固接。

爬梯由两根主肢、五根固定梯梁及一根爬梯可移动梁组成,爬梯主肢均在其两侧面上设有固定间距的多个爬梯主肢通孔,固定梯梁按统一间距与两根爬梯主肢相连接,每根固定梯梁上设有两个 L 形爬梯卡钩,爬梯卡钩与标准节的横腹梁相卡接。爬梯可移动梁的两端设有 U 形爬梯活动卡槽,爬梯活动卡槽的两个侧面上设有爬梯卡槽通孔,爬梯活动卡槽卡接在两根爬梯主肢上,穿过爬梯主肢通孔在所述两侧爬梯卡槽通孔中串设连接螺栓,爬梯可移动梁上设有两个 L 形爬梯卡钩,与标准节的横腹梁相卡接。

工作平台分为左、右工作平台,均包括两根工作平台主肢、一根固定横梁、一根工作平台可移动梁、作业平台及围栏。工作平台主肢均在其两侧面上设有固定间距的多个工作平台主肢通孔,工作平台的固定横梁与两根工作平台主肢相连接。固定横梁上设有两个 L 形工作平台卡钩,工作平台卡钩与标准节的横腹梁相卡接。工作平台可移动梁两端设有 U 形工作平台活动卡槽,工作平台活动卡槽两个侧面上设有工作平台卡槽通孔,工作平台活动卡槽卡接在两根工作平台主肢上,穿过工作平台主肢通孔在所述两侧工作平台卡槽通孔中串设连接螺栓。工作平台可移动梁上设有两个 L 形工作平台卡钩,与标准节的横腹梁相卡接。作业平台与工作平台的固定横梁相固接,所述围栏分别设在作业平台的四周,且留有通口。

在将钢结构电梯井道标准节和吊装工装运至施工现场后,需要对标准节和吊装工装实施吊装工艺,吊装工艺实施包括以下步骤:

① 吊装固定座安装:将固定座底板与标准节各主弦梁座板通过螺栓相连接,后将吊具穿入吊装用孔。

② 爬梯卡接:按照标准节相应两横梁之间的距离将爬梯可移动梁调定至相应位置,通过连接螺栓将爬梯活动卡槽固定,后将爬梯上的四个 L 形爬梯卡钩分别卡接在标准节相应的两根横梁上。

③ 工作平台卡接:按照标准节两横梁之间的距离,将左右两工作平台可移动横梁调定至相应位置,通过连接螺栓将工作平台活动卡槽固定,后分别将两工作平台上的四个 L 形工作平台卡钩卡接在标准节相应的两根横梁上。

④ 起吊及安装准备:用起吊装置将标准节连同吊装工装吊起,在安装每一标准节时,施工人员均通过爬梯进入其下一标准节的作业平台上进行作业。

⑤ 安装:由施工人员依次将连接固定座底板与标准节各主弦梁座板的螺栓拆除,后分别通过四根高强度螺栓将相邻两标准节之间的主弦梁座板固定连接。

⑥ 校核:每次加节后,对标准节的垂直度等进行校核。

⑦ 工装拆除:待各标准节安装完毕后,由施工人员分别解除其上一标准节工装的约束,经起吊装置将各工装调离,完成整个吊装过程。

本发明提供的技术方案带来的有益效果是:

① 起吊装置通过吊装固定座将标准节起吊，施工人员通过爬梯和工作平台对标准节进行安装，节省了大量的财力和安装时间，具有显著的经济效益；

② 爬梯和工作平台上均设有可移动横梁，可针对不同横梁间距的标准节进行调节，提高了工装的实用性。

3.3.2　快装式钢结构电梯井道标准节运输工装设计

为提升电梯现场施工效率，快装式钢结构电梯通常会在工厂进行预组装工作。但对于钢结构井道外装饰以及金属屋顶等通常是采用现场安装的方法，这样大大延长了现场施工时间，降低了工作效率。若将外装饰与金属屋顶在工厂内就组装好，又会给钢结构标准节的运输带来一系列的问题，而且运输过程中还可能会对外装饰以及金属屋顶造成一些不必要的损伤。

为了解决钢结构电梯标准节的运输问题和保护钢结构电梯的外装饰与金属屋顶，设计出一种钢结构井道标准节运输支撑套件[11]。钢结构井道标准节运输支撑套件包括第一支撑管、屋顶运输支架、钢板搭接支架、第二支撑管，具体结构如图 3-6 所示，其中，图 3-6(a) 表示顶部标准节运输时支撑套件安装示意图，图 3-6(b) 表示中间标准节运输时支撑套件安装示意图，图 3-6(c) 表示底部标准节运输时支撑套件安装示意图。

第一支撑管为 150mm×100mm×6mm 的矩形管，长度为 160mm，第二支撑管为 50mm×50mm×4mm 的方管，长度为 160mm。屋顶运输支架由竖板和座板组成，竖板与座板焊接连接为 T 形，竖板远离座板的一端加工有两个螺孔Ⅰ，座板以竖板所在平面为对称面加工有四个螺孔Ⅱ。所述钢板搭接支架由 L 形支架以及加强筋组成，L 形支架与加强筋焊接连接，L 形支架的两个面上分别加工有偶数个螺孔Ⅲ。

使用时，将套件安装在其层门开口面的两条主肢上，顶部标准节在远离金属屋顶的一端且其中间位置焊接有第一支撑管，在安装有金属屋顶的一端，安装有屋顶运输支架，通过螺孔Ⅰ以及吊耳上的螺孔Ⅳ进行螺栓连接；中间标准节在其实际安装位置的底端以及中间位置焊接第一支撑管，余下的一端与钢板搭接支架用螺栓连接；底部标准节在其中间位置焊接第一支撑管，在其与中间标准节连接的一端焊接第二支撑管；运输时，将上述安装好固定套件的标准节平放在运输工具上。

新型钢结构井道标准节运输支撑套件，运用组合方法解决了标准节运输与安装的矛盾问题，与现有钢结构电梯标准节安装运输技术相比，具有以下有益效果：

① 新型钢结构井道标准节运输支撑套件解决了带外装饰以及金属屋顶的钢

结构井道标准节的运输支撑问题，节省了现场的施工时间，提高了现场施工效率。

② 新型钢结构井道标准节运输支撑套件中焊接在钢结构井道中间的第一支撑管不仅在运输过程中起到支撑作用，而且现场安装时钢结构走廊平台可以搭放在第一支撑管上，方便了施工。

③ 新型钢结构井道标准节运输支撑套件中的钢板搭接支架不仅可以起到运输支撑作用，而且在现场吊装过程中还可以起到吊耳的作用。

④ 新型钢结构井道标准节运输支撑套件结构简单，拆卸便捷，易于实现，实用性强。

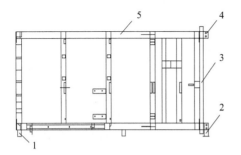

(a) 顶部标准节运输时支撑套件安装示意图

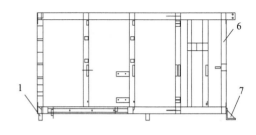

(b) 中间标准节运输时支撑套件安装示意图

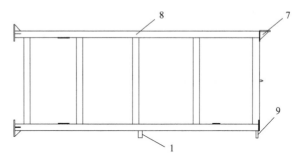

(c) 底部标准节运输时支撑套件安装示意图

图 3-6 标准节运输支撑套件安装示意图

1—第一支撑管；2—屋顶运输支架；3—金属屋顶；4—吊耳；5—顶部标准节；6—中间标准节；
7—钢板搭接支架；8—底部标准节；9—第二支撑管

3.3.3 快装式钢结构电梯轿门与层门运输工装设计

电梯机械系统中还存在着电梯轿门与层门等一些活动部件，这些活动部件通常是散发到现场安装，若在工厂预组装阶段就将其安装在钢结构井道上，则会给快装式钢结构电梯的运输带来一系列的问题。

　　针对电梯机械系统活动部件与电梯标准节的安装与运输矛盾问题，应用创新思维方法设计出新型钢结构电梯轿门及层门运输用固定套件[12]。该套件允许电梯系统轿门与层门预组装。新型钢结构电梯轿门及层门运输用固定套件包括门套连接件、层门固定连接件以及轿门固定连接件，具体结构如图 3-7 所示，图 3-7（a）表示去除门口立柱的套件安装示意图，图 3-7（b）表示固定门套立柱的整体结构示意图，图 3-7（c）表示固定门套立柱的整体结构俯视图。

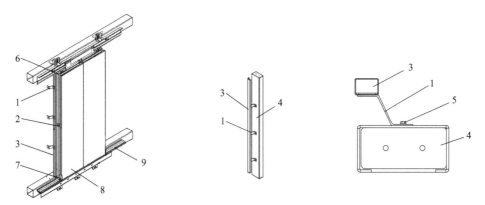

(a) 去除门口立柱的套件安装示意图　　(b) 固定门套立柱的整体结构示意图　　(c) 固定门套立柱的整体结构俯视图

图 3-7　钢结构电梯轿门与层门运输用固定套件

1—门套连接件；2—层门固定连接件；3—门套竖框；4—门口立柱；

5—螺栓；6—层门；7—轿门固定连接件；8—轿门；9—地坎

　　门套连接件由第一门套连接板、门套过渡板以及第二门套连接板组成，利用螺栓将钢结构框架的门口立柱与电梯门套竖框连接为一体，第一门套连接板与第二门套连接板上分别开有第一门套长圆孔与第二门套长圆孔，第一门套长圆孔的长轴与第二门套长圆孔的长轴呈空间垂直关系，以适应不同的安装位置关系，第一门套连接板与门套过渡板焊接连接，第一门套连接板与门套过渡板夹角为钝角；第二门套连接板与门套过渡板也是焊接连接，第二门套连接板与门套过渡板夹角仍为钝角。

　　层门固定连接件由第一层门连接板、层门过渡板以及第二层门连接板组成，利用螺栓将轿门与层门连接为一体，第一层门连接板与第二层门连接板上分别开有第一层门长圆孔与第二层门长圆孔，第一层门长圆孔的长轴与第二层门长圆孔的长轴呈空间垂直关系，第一层门连接板与门套过渡板焊接连接，第二层门连接板与门套过渡板也是焊接连接。

　　轿门固定连接件由第一轿门连接板与第二轿门连接板组成，通过螺栓将轿门与地坎连接为一体，第一轿门连接板与第二轿门连接板上分别开有第一轿门长圆孔与第二轿门长圆孔，第一轿门长圆孔的长轴与第二轿门长圆孔的长轴呈空间垂直关系。

针对钢结构电梯轿门及层门运输的问题，设计人员对电梯层门及轿门与钢结构电梯标准节的时间、空间与运输（成本）等物理冲突进行分析，应用创新方法中的 STC 算子法将物理冲突缩减至最小，最终得到上述新型钢结构电梯轿门及层门运输用固定套件，该固定套件在应用中具备以下有益效果：

① 新型钢结构电梯轿门及层门运输用固定套件为快装式钢结构电梯提供了一种电梯层门及轿门工厂预组装的运输固定装置，可大大地缩短现场施工时间，提高施工效率。

② 新型钢结构电梯轿门及层门运输用固定套件给电梯轿门以及层门的运输提供了一定的保护，可防止运输过程中因轿门与层门滑动造成的损伤。

③ 新型钢结构电梯轿门及层门运输用固定套件中所提供连接件采用了长条形的长圆孔以及相互垂直的长圆孔布置方式，使得同一规格装置可以适应更多的安装尺寸，通用性更强。

④ 新型钢结构电梯轿门及层门运输用固定套件结构简单，易于实现，安装与拆卸均十分便捷。

3.3.4 快装式钢结构电梯控制柜安装运输工装设计

旧楼快装钢结构电梯控制柜的安装是在钢结构井道和控制柜安装支架安装完成后，用吊车将控制柜起吊并由人工高空作业安装到控制柜安装支架上，这种安装方法难度大，作业时间长，同时传统控制柜安装支架在运输过程中无法承担对控制柜的保护与固定任务，且安装支架非标准，采用特殊形状板材焊接而成，存在生产制造成本高的缺点。

为了降低快装式钢结构电梯控制柜的安装难度，避免高空作业潜在的危险，缩短施工时间，降低成本，采用创新设计方法设计一种钢结构电梯控制柜安装运输用固定装置[13]。

钢结构电梯控制柜安装运输用固定装置包括固定角钢Ⅰ、固定角钢Ⅱ、固定角钢Ⅲ。具体结构如图 3-8 所示，图 3-8(a) 表示未安装控制柜的运输固定装置，图 3-8(b) 表示安装控制柜后的运输固定装置。

固定角钢Ⅰ水平方向的面上加工有长圆孔，可以调节连接螺栓的安装尺寸，固定角钢Ⅰ有长圆孔的面以竖直向下的形式焊接在钢结构井道上，可以用来与控制柜进行螺栓连接，主要对控制柜起到定位与防晃动作用；固定角钢Ⅱ水平方向的面上加工有长圆孔；固定角钢Ⅲ水平方向的面上加工有长圆孔，可以用来与控制柜进行螺栓连接，固定角钢Ⅱ、固定角钢Ⅲ以有长圆孔的面向上、无长圆孔的面相对的形式焊接在钢结构井道同一平面上，可以加强钢结构电梯控制柜安装运输用固定装置的结构强度，对控制柜起到承载作用。

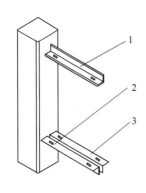
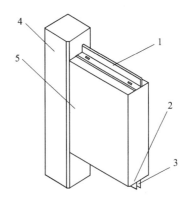

(a) 未安装控制柜的运输固定装置　　　　　　(b) 安装控制柜后的运输固定装置

图 3-8　钢结构电梯控制柜安装运输用固定装置

1—固定角钢Ⅰ；2—固定角钢Ⅱ；3—固定角钢Ⅲ；4—钢结构井道；5—控制柜

与目前常用的钢结构电梯控制柜安装与运输技术相比，采用新型钢结构电梯控制柜安装运输用固定装置可提前固定安装，对运输过程中无法对控制柜保护和固定的问题进行创新分析设计，具备以下有益效果：

① 固定角钢Ⅰ、固定角钢Ⅱ、固定角钢Ⅲ由结构相同的角钢组成，相互之间存在互换性，同时结构简单，降低了生产、安装成本。

② 钢结构电梯控制柜安装运输用固定装置在运输过程中将控制柜架高固定，对控制柜起到保护作用。

③ 钢结构电梯控制柜安装运输用固定装置在出厂前就已经完成安装，省去现场安装过程，节约了时间。

3.4　电梯基础结构创新设计

3.4.1　快装式钢结构电梯一体式混凝土底坑设计

目前，为旧楼加装电梯解决无电梯多层建筑居民出行难的问题已成为各地政府推动的重要民生工程。加装电梯中涉及钢结构电梯基础的建设，现有的基础建设多采用在施工现场浇筑底坑的方法，该方法在施工现场开挖土方，会对现场环境产生影响，产生的噪声会影响附近居民的生活，且在某些位置加装电梯时浇筑底坑会影响居民的出行，同时，混凝土凝固时间较长，造成现场施工时间跨度大[14]。

为了降低钢结构电梯在基础施工时对周围环境及附近居民的影响，缩短基础施工与快装式钢结构电梯装配的施工时间跨度，通过空间组合方法提供了一种一体式钢结构电梯混凝土坑[15]。一体式钢结构电梯混凝土底坑，包括钢筋混凝土基体、预埋件和底坑吊钩，其具体结构如图 3-9 所示，其中，图 3-9(a) 表示一体式钢结构电梯混凝土底坑结构图，图 3-9(b) 表示一体式钢结构电梯混凝土底坑俯视图。

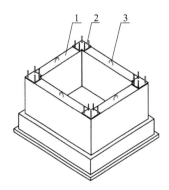 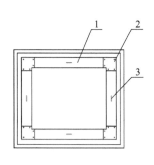

(a) 一体式钢结构电梯混凝土底坑结构图　　(b) 一体式钢结构电梯混凝土底坑俯视图

图 3-9　一体式钢结构电梯混凝土底坑结构图

1—钢筋混凝土基体；2—预埋件；3—底坑吊钩

预埋件由地脚螺栓和预埋板连接组成，预埋件分布于钢筋混凝土基体的四个角，与基础钢筋焊接。每个预埋件包括一个预埋板和五个地脚螺栓，所述预埋板为 L 形钢板，预埋板上按地脚螺栓位置及规格设有五个通孔。

底坑吊钩为 Ω 形，底坑吊钩分布于围墙四个面的上表面中间位置，与基础钢筋焊接，每一面围墙上均安装一个底坑吊钩，底坑吊钩位置在钢筋混凝土基体的俯视平面内呈前后、左右对称。

一体式钢结构电梯混凝土底坑的浇筑工艺步骤如下：

① 按照钢结构电梯井道的尺寸要求等支设钢筋混凝土基体的模板，并绑扎钢筋混凝土基体的基础钢筋形成钢筋骨架。

② 将五个地脚螺栓和穿入预埋板上对应的五个通孔连接形成预埋件，地脚螺栓在预埋板上部有供钢结构电梯井道底段主肢安装的预留长度，预埋件与基础钢筋焊接连接，且分布于钢筋混凝土基体的四个角，保证地脚螺栓的预留部分垂直向上。

③ 将底坑吊钩与基础钢筋焊接，底坑吊钩分布于围墙的四个面的上表面中间位置且竖直向上，每一面上的底坑吊钩的数量均为一，底坑吊钩位置在钢筋混凝土基体的俯视平面内呈前后、左右对称。

④ 在基础钢筋、预埋件、底坑吊钩等构件的位置固定无误后，浇筑混凝土，形成一体式钢结构电梯混凝土底坑。

⑤ 待一体式钢结构电梯混凝土底坑整体凝固时间及强度达到要求后装车运

往施工现场，在施工现场将一体式钢结构电梯混凝土底坑放置到位后便可安装钢结构电梯井道。

一体式钢结构电梯混凝土底坑应用创新方法动态进化法则，提高系统的可移动性，将固定电梯混凝土底坑进化为一体式，与现有钢结构电梯基础施工方法相比，具备以下有益效果：

① 一体式钢结构电梯混凝土底坑在工厂内浇筑完成，凝固时间和强度达到要求后运往施工现场，节省了现场施工时间。

② 一体式钢结构电梯混凝土底坑在工厂内浇筑完成，有效地减轻了现场施工对周围环境及居民生活的影响。

3.4.2 快装式钢结构电梯地脚螺栓定位装置设计

钢结构电梯的井道在安装的时候，钢结构需要通过地脚螺栓固定在底坑的混凝土上，由于地脚螺栓的数量较多，而建筑误差的要求比机械误差要大，经常会造成钢结构井道与底坑的地脚螺栓无法完成配合安装，所以需要设计地脚螺栓的定位装置。

为了更加精确地完成快装式钢结构电梯井道与地脚螺栓的配合安装，解决现有技术中的不足，设计了钢结构电梯地脚螺栓的定位装置[16]。钢结构电梯底坑地脚螺栓定位装置包括用于固定钢结构电梯井道标准节的混凝土底座，混凝土底座的四角处分别用于固定钢结构电梯的四角，具体结构如图 3-10 所示。

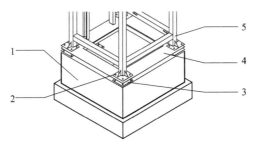

图 3-10　钢结构电梯底坑地脚螺栓定位装置示意图

1—混凝土底座；2—地脚螺栓；3—角柱地脚定位板；4—整体地脚螺栓定位板；5—钢结构电梯标准节

混凝土底座的四角处分别预制有四组地脚螺栓，每组地脚螺栓均由四个地脚螺栓单件构成，四组地脚螺栓与混凝土底座顶面通过地脚螺栓整体定位板连接固定。地脚螺栓整体定位板为与四组地脚螺栓对应的矩形框架结构，使地脚螺栓整体定位板可固定在混凝土底座上且不影响电梯的运行，每组地脚螺栓与混凝土底座内部通过两个水平分布的角柱地脚定位板连接固定。

通过两个角柱地脚定位板可以保证钢结构电梯每个角柱位置处的地脚螺栓的垂直和相对位置，地脚螺栓整体定位板可以将四个角柱位置处的地脚螺栓精确定位，钢结构电梯的井道安装在地脚螺栓上，从而保证钢结构电梯安装的时候，井道底座的安装孔可以和底坑内混凝土底座的地脚螺栓精确对接。

钢结构电梯底坑地脚螺栓定位装置相较于普通钢结构电梯标准节与基础底坑的配合安装具有以下优点：

① 结构设计合理，适用于钢结构式电梯井道的安装。

② 可以保证地脚螺栓的精确定位，便于钢结构电梯井道的安装。

3.5 本章小结

本章围绕快装式钢结构电梯的主体结构、工装结构与基础结构对快装式钢结构电梯的创新设计展开研究，将创新设计理论与方法融入快装式钢结构电梯的典型结构设计中。分析钢结构电梯现有技术与钢结构电梯部件运与安装的物理冲突，将动态进化法则、时间分离原理、空间分离原理等创新方法应用于钢结构电梯主体、工装与基础的典型结构的创新设计，提出了更适合快装式钢结构电梯的结构方案，为快装式钢结构电梯的预组装环节、中途运输环节和最终的现场安装施工环节提供方便，减少了施工过程中的不安全因素，对缩短快装式钢结构电梯的施工时间跨度、增加施工安全性与精确性具有重要意义。

参 考 文 献

[1] 刘立新, 陈汉, 王云强. 浅析旧楼加装钢结构电梯质量控制 [J]. 中国电梯, 2019, 30 (17)：34-36.

[2] 尹保江, 赵向丽, 肖疆. 老旧住宅加固改造与增加电梯方法研究 [J]. 工程抗震与加固改造, 2015, 37 (5)：131-134, 130.

[3] 张明勤, 范存礼, 王日君, 等. TRIZ 入门 100 问——TRIZ 创新工具导引 [M]. 北京：机械工业出版社, 2013.

[4] 王锐. 装配式钢结构电梯井道在加装电梯施工项目中的技术优化管理探讨 [J]. 中国电梯, 2019, 30 (4)：25-31, 53.

[5] 山东富士制御电梯有限公司, 山东建筑大学. 一种老楼快装式钢结构电梯片式井道标准节：CN201720610552.3 [P]. 2017-12-26.

[6] 刘立新, 陈汉, 王云强, 等. 基于 ANSYS 的快装式钢结构电梯井道仿真计算分析 [J]. 中国电梯, 2018, 29 (2)：51-53, 62.

[7] 山东富士制御电梯有限公司. 一种钢结构井道标准节连接结构：CN201821588380.5 [P]. 2019-05-24.

[8] 山东富士制御电梯有限公司. 一种钢结构电梯用金属屋顶：CN201821805967.7 [P]. 2019-07-19.

[9] 山东富士制御电梯有限公司. 一种钢结构电梯轿厢固定结构：CN201711454115.8 [P]. 2019-07-05.

[10] 山东富士制御电梯有限公司, 山东建筑大学. 一种钢结构电梯井道标准节吊装工装与工艺：CN201710392122.3 [P]. 2017-08-04.

[11] 山东富士制御电梯有限公司. 一种钢结构井道标准节运输支撑套件：CN201821877664.6 [P]. 2019-07-09.

[12] 山东富士制御电梯有限公司. 一种电梯轿门及层门运输用固定套件：CN201821588135.4 [P]. 2019-

05-24.

[13] 山东富士制御电梯有限公司.一种钢结构电梯控制柜安装运输用固定装置：CN201821877662.7
[P]. 2019-08-20.

[14] 董有.既有建筑采用装配式预制构件增设电梯施工技术探讨 [J].中国勘察设计，2019（4）：86-89.

[15] 山东富士制御电梯有限公司.一种一体式钢结构电梯混凝土底坑：CN201821808355.3 [P].2019-
08-20.

[16] 山东富士制御电梯有限公司.一种钢结构电梯底坑地脚螺栓定位装置：CN201721870975.5 [P].
2018-09-07.

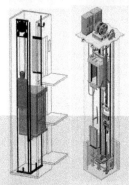

第4章 电梯钢结构的结构模块化设计

针对快装式电梯的钢结构这种大型部件，应用模块化设计理论对钢结构进行模块划分、模块设计，采用模块化的管理方式对每一个电梯钢结构模块进行编码，有效提升了电梯钢结构的研发效率，降低了设计成本，并且提升了产品品质。钢结构的模块化设计为电梯面向快装的模块化设计提供了理论依据，而且奠定了坚实基础。

4.1 电梯钢结构模块化设计技术分析

4.1.1 电梯钢结构模块化设计技术背景

模块化设计是目前大批量定制生产机械产品的主流设计方法之一，使用该方法的目的是缩短产品的设计生产周期、提升产品质量、降低研发成本。能把产品以最快的速度推向市场，送达用户手中，这些对企业的生存和发展至关重要。对于产品的用户而言，有时所需的功能只是产品的众多功能中的一个，并不需要产品其它功能，此时如果购置整个产品则会浪费很多产品的性能，造成资源上的浪费。但如果该产品采用模块化设计生产，则用户只需要购买其所需要的功能模块，组合为满意的产品，这样不但能够满足用户的需求，还能减少设计的成本[1]。当用户组合的模块产品需要维修或保养时，也能精准地维修保养损耗比较严重的模块，这样的模块化结构产品具有较好的维修保养性。

随着人们生活水平的提高，居住在那些建造较早且没有安装电梯的老旧楼中的人们对于出入建筑物需要"爬楼梯"这种方式越来越不满意，为了解决这部分用户乘坐电梯的需求，在政府政策的引导下，为老旧楼加装钢结构电梯成为了一个民生问题，在市场的巨大需求面前，电梯制造企业迎来了巨大的商业机会，推出得到市场高度认可的钢结构电梯产品，获得源源不断的订单，钢结构电梯的快速设计是前提，其快速设计理论与方法的研究成为迫在眉睫的问题。

为了更高效地满足市场对钢结构电梯产品的需求，使产品更快地送达用户，钢结构电梯重要的组成部分——电梯钢结构的生产就必须实现批量化、标准化、参数化、模块化。对于电梯钢结构这种体积巨大的产品来说，直接进行整体结构的设计与制造需要巨大的生产场地以及相应的大吨位起重设备，这对生产环节来说难度较大[2]。由于钢结构电梯的生产方式和一般机械产品的生产方式有很多共同特点，参照一般机械产品在大批量设计生产中所使用的模块化技术，对电梯钢结构采用模块划分、模块设计、模块生产的思路，工程实践证明，模块化理念应用到电梯钢结构的设计生产中已经取得了巨大的经济效益[3]。

4.1.2　电梯钢结构模块化设计内容

在对电梯钢结构进行设计之前需要确定该模块化产品的目标域，包括要达到的目标、功能、目标的重要性程度、对总目标总功能所起的作用，同时对模块化设计相关的各种因素进行描述、定义，明确设计种类、生命周期、设计规模等，然后分解和划分整体功能模块，并根据产品所涉及的技术范围，分解出整梯钢结构的二级功能模块和部件模块[4]。

电梯钢结构的模块化设计不是针对整个电梯钢结构的设计，而是针对电梯钢结构中具有相似性的不同组成部分的设计。电梯钢结构模块化设计的关键技术包括钢结构模块的划分、整梯系列和模块系列的规划、模块的创建、模块的接口、模块的重组和模块间的信息集成六个方面，其内容如图 4-1 所示。

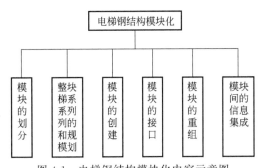

图 4-1　电梯钢结构模块化内容示意图

(1) 模块的划分

首先要对电梯整个钢结构进行功能模块划分，即从电梯钢结构功能分析角度将钢结构总功能划分为若干功能单元，钢结构中对应于这种功能单元的结构称为功能模块。功能模块划分的层次是否合理对于钢结构的性能、外观以及模块的通用化程度和成本都有很大影响，研究对象和研究角度、出发点不同，功能模块划分的方法和结果也不同。

（2）整梯系列和模块系列的规划

钢结构整梯系列化是模块设计的目的之一，它是根据钢结构整梯的主参数、型式、尺寸、基本结构等进行合理规划，协调钢结构模块之间的关系，进行标准化，使之成为系列化钢结构。钢结构模块系列是根据功能模块按照一定的结构规律进行扩展，派生出横向模块系列、纵向模块系列，在钢结构模块系列的基础上规划出下一级钢结构模块系列。

（3）模块的创建

即所规划模块的具体实现，包括模块结构的方案设计、详细设计以及其它模块组成信息的组织等，这是保证模块化设计系统运行的基础。

（4）模块的接口

模块接口是指结构模块组合时相互间几何、物理关系的结合面。模块接口是模块可组合的依据，模块接口的标准化决定着模块的通用化程度。

（5）模块的重组

模块分解的目的是实现模块的重组，模块的重组也是最终实现模块从数字模块至实体模块组合间的转换。

（6）模块间的信息集成

信息集成是实现各种先进制造技术的重要前提，实现信息集成的一个基本手段就是建立信息模型，电梯钢结构信息模型是指覆盖产品整个生命周期、能为计算机理解和处理的、能唯一描述某一电梯钢结构的数字化表达。

4.1.3 电梯钢结构模块化设计的技术优势和价值

（1）现有技术优势

① 计算机辅助设计和计算 模块化设计是现代设计的重要方法之一，在电梯钢结构的结构模块化设计中利用先进的计算机辅助技术与模块化技术，可以使计算机辅助模块化设计充分利用计算机辅助工具进行模块化电梯钢结构的数据管理、分析钢结构设计需求并求解模块化设计方案；通过计算机辅助设计软件（如CAD、Solidworks等）构造模块结构模型，可以实现模块化钢结构的结构装配；利用计算机辅助计算软件（如 ANSYS、3D3S 等）分析、优化产品动、静态性能，可以帮助相关设计人员更清晰、更直观地了解钢结构设计的效果；利用零部件模拟组装功能，可以帮助设计人员在设计阶段发现其中存在的问题，从而采取有效的技术措施进行设计优化，甚至可以实现产品的性能优化。通过计算机辅助设计的应用，利用分析软件对钢结构模块的受力情况进行计算，便于设计人员掌

握模块的受力情况，进而对设计进行优化，确保电梯钢结构的设计符合客户对其性能的要求[5]。

② 虚拟设计方法　通常传统的钢结构设计二维图纸内容单一，缺乏实体感，实用价值受到限制，而虚拟设计方法将虚拟现实技术引入到电梯钢结构的结构设计中，为电梯钢结构的规划和设计提供了一种全新的手段。虚拟钢结构三维模型不仅能自然、真实、形象地表达现实世界的对象，而且拓展了现实电梯钢结构的时间和空间维度，从而扩展其功能；在电梯钢结构的设计过程中采用虚拟设计方法能根据用户需求或市场变化快速改变设计，快速投入批量生产，从而大幅度压缩新产品的开发时间，提高质量，降低成本。在电梯的钢结构设计中可以将基于虚拟现实的三维信息演示系统作为设计平台，利用计算机辅助设计技术在虚拟空间中对电梯钢结构进行模块化设计，以实现利用相对简单的模块快速组成特定复杂产品的要求[6]。

（2）电梯钢结构模块化设计优点

① 电梯钢结构的模块化设计和生产可以提高设计生产效率，缩短产品的供货周期。模块化可以看作是钢结构部件级或子系统级的标准化，它在满足电梯钢结构差异化需求的同时，有效地统一、简化和限制了零件和部件的品种、规格。模块化的钢结构是按模块组织生产的，模块有一定的批量，有确定的工艺流程和工艺装备，生产率高，制造周期短。对于生产周期长、设计难度高的模块，如有适当储备，可大大缩短供货周期[7]。

② 电梯钢结构模块化设计有利于提高产品质量和可靠性。钢结构模块在投入使用之前，一般均经过试验和实践验证，并反复修改优化保障模块的质量和可靠性。进行新的整梯钢结构的设计前对设计的钢结构进行计算和试验，然后将达到质量要求的钢结构模块组装成整梯钢结构，这样将缩短整梯钢结构的设计时间，并且在现有模块的设计、制造均已符合质量要求的基础上，可以对整梯钢结构的部分模块进行优化设计，提升模块的质量，同时也有利于提高电梯钢结构的质量和可靠性。

③ 电梯钢结构模块化设计有利于降低成本。电梯钢结构按模块进行设计，使得大多数的零部件由单件、小批量生产转变为批量化生产，便于采用先进工艺和专用设备组织专业化生产。钢结构模块化知识的重复利用可以大大降低设计成本；采用成熟的经过试验验证的模块，可以大大减少由于新产品的投产对生产系统调整的频率，使新产品更容易生产制造，可以降低生产制造成本；产品系列之间具有大量的可互换模块，可以降低售后服务成本[8]。电梯钢结构模块化设计和生产在提高电梯钢结构质量的同时，有助于提高劳动生产率，降低制造成本和废品率。

④ 电梯钢结构模块化设计具有良好的可维修性。在模块化设计的电梯钢结

构中，模块间有明确的功能分割，发生故障后易于查找和判断故障，迅速找到有故障的钢结构模块，缩短故障解决所需要的时间。并且产生故障的模块易于从整梯钢结构中拆卸和组装，维修程序得到了简化。由钢结构的模块化设计可以看出，如果各种电梯钢结构均以通用模块为基础，只通过改变少量模块及组合关系来制造钢结构时，不但可以提高钢结构模块的通用性，而且可以大大加快钢结构部件的维修和更换速度。

⑤ 电梯钢结构模块化设计有利于发展电梯钢结构新品种和引进新技术。模块化钢结构是组合式结构，以模块作为其构成单元。利用现有通用模块的不同组合，形成钢结构的新品种；整梯钢结构中某个或几个模块改型，又形成钢结构新品种；增加具有新功能或新性能的模块，也可以形成钢结构新品种；通过改变与产品外观有关模块的外观结构或附加装饰要素，形成电梯钢结构新品种。在引入新技术时，利用新技术来改造相应模块，取代那些在技术上或结构上已陈旧的模块，在不变更其它模块的基础上，形成先进的新产品，能够使产品不断保持先进性。

4.2　电梯钢结构模块的划分

4.2.1　电梯钢结构模块划分依据

模块化设计是指采用模块化概念、技术或理论进行产品开发与设计，它包括模块分解、模块组合以及模块化产品数据管理等。它既是一种设计理念，也是一门设计技术。其中，模块是模块化产品的基本组成元素，它是一个产品最基本的单元体，通过不同模块的组合和匹配可以产生大量的变型产品。所以产品模块化的主要目的就是以尽可能少的种类和数量的模块组成尽可能多种类、规格的产品，即以最小的成本满足市场的各种需求[9]。产品的模块化设计是在对一定范围内的不同功能或相同功能不同性能、不同规格的产品进行功能分析的基础上，划分并设计出一系列功能模块，通过模块的选择和组合可以构成不同的产品，以满足市场对电梯性能的差异化需求。

模块化设计方法不同于传统设计方法，主要表现在：模块化设计面向产品系统而传统设计针对某一专项任务；模块化设计是标准化设计而传统设计是专用性的特定设计；模块化设计程序是由上而下而传统设计程序是由下而上的；模块化设计是组合化设计而传统设计是整体化设计；模块化设计需要系统的新理论支撑而传统设计主要依靠经验；模块化设计的产物既可以是产品又可以是模块而传统设计的产物是产品。

由于电梯钢结构体型较大，各组成部分在结构和功能上也各有不同，为了提高设计效率，实现"因地制宜"情况下的快速设计，利用模块化设计方法可以将电梯钢结构整梯以模块化的方式快速搭建而成，所以电梯钢结构非常符合模块化设计的原则；在大批量订单情况下，工厂的制造效率是企业占领市场的关键，采用模块化生产无疑是最高效的生产方式，钢结构模块在工厂一体化预制集成可以使产品迅速交付到用户手中；钢结构电梯作为一种装配式建筑产品，需要具有高度集成、快速建造、可拆移周转、可延伸扩展等特性，可以快速地在旧楼加装、扩建改建等特定功能需求领域快速精准地将钢结构主体搭建完成[10]。综上，电梯钢结构的模块化设计将大大提高钢结构电梯产品的设计、生产、安装和维修效率。

对于钢结构电梯模块化设计而言，首先对电梯进行模块划分，制定模块划分的方案，对每一个模块的零件装配进行分析，整理所有零件的组成信息，按模块对部件进行装配，组成设备的整机模型，再对模型的几何、外形参数进行科学全面的分析。此外，对电梯钢结构的结构功能进行分析也是设计的主要组成部分，更是设计的基础，只有具有独立功能的模块才有确切的意义[11]。按照电梯钢结构模块结构和功能的独立性对电梯钢结构进行划分，可分为井道钢结构模块、入户平台钢结构模块和楼梯连接钢结构模块，如图 4-2 所示，这三部分在结构上差距较大，功能上具有独立性，即每一个钢结构模块功能都具有一定的独立性，可以以独立的模块形式存在，在进行整梯钢结构设计时可以对这三部分分别协同设计，之后将三部分设计结果进行组装，完成整梯钢结构设计任务。

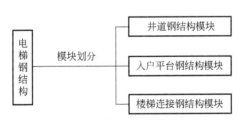

图 4-2　电梯钢结构的模块组成

在电梯钢结构模块化设计中，对整个钢结构的结构和功能的分析对于模块化设计有重要的现实意义。通过钢结构的分解和功能分析建立的电梯钢结构的功能模块体系可作为模块化设计的基础[12]，然后在电梯钢结构的功能模块化体系的基础上对整梯进行模块划分，最终建立钢结构的结构模型，形成结构组成和参数齐全的钢结构模块。

电梯的钢结构设计主要是根据建筑物的特征设计钢结构高度、各种材料的规格、入户平台的位置等，钢结构整梯设计如图 4-3 所示，图 4-4 为钢结构整梯的各模块实物图。

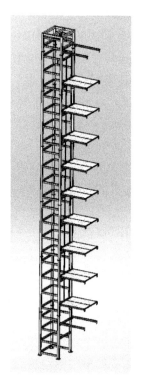

(a) 井道钢结构模块

(b) 入户平台钢结构模块

(c) 楼梯连接钢结构模块

图 4-3 某型号钢结构电梯三维设计图　　图 4-4 钢结构整梯各模块实物图

井道钢结构模块 [图 4-4(a)]：作为整个电梯钢结构的核心组成部分，其外立面需要安装玻璃幕墙或彩钢板等外装饰层，同时其内部为导轨、轿厢、曳引机等电梯机电系统部件提供支撑。

入户平台钢结构模块 [图 4-4(b)]：连接建筑物与井道钢结构，保持整梯钢结构的稳定性，同时为人员进出电梯和建筑物的通道。

楼梯连接钢结构模块 [图 4-4(c)]：特殊建筑结构需要加装钢结构楼梯，作为通道方便乘客出入户室。

4.2.2 井道钢结构模块

在电梯的钢结构井道模块化设计中，由于井道高度由建筑物的高度和服务楼层数量决定，往往较高，体积庞大，如图 4-5(a) 所示的电梯的钢结构井道。井道高度与建筑物有关，钢结构电梯的服务层数达到十几层，对这样体积庞大的钢结构直接进行结构件的拼装设计难度较大，在设计精度方面也难以保证，所以根据井道结构各部分的相似性可以分为三个模块，即井道顶层模块、井道中层模块和井道底层模块，且各模块之间采用螺栓连接加焊接的工艺组装成整梯的钢结构井道[13]。

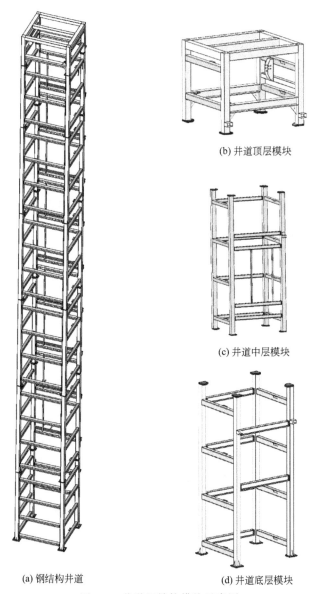

(b) 井道顶层模块

(c) 井道中层模块

(a) 钢结构井道

(d) 井道底层模块

图 4-5 井道钢结构模块示意图

如图 4-5（b）所示的井道顶层模块，立柱为方管，轿门左右两侧横梁为方管，轿门前后侧横梁为工字钢，材料使用焊接工艺连成一种钢结构模块。由于电梯顶部钢结构模块需要安装曳引机，所以由强度和力学特性较好的工字钢承受较重的曳引机等的质量。

如图 4-5(c) 所示的井道中层模块，立柱为方管，轿门左右两侧横梁为方管，轿门前后侧横梁为工字钢，轿门立柱为卷边槽钢，材料使用焊接工艺连成钢结构模块。按照建筑物每一楼层之间的高度设计，建筑物所需电梯入户层数每加一层则可以增加一个井道中层模块，实现电梯钢结构的快速搭建。

如图 4-5(d) 所示的井道底层模块，立柱为方管，轿门左右两侧横梁为方管，轿门前后侧横梁为工字钢，材料使用焊接工艺连成钢结构模块。井道底层模块作为整个井道的基础下部与地面固定，上部与井道中层模块连接。

4.2.3 入户平台钢结构模块

入户平台钢结构模块不但是连接建筑物和井道钢结构的"桥梁"，还起到通道的作用方便人员进出电梯与建筑物。如图 4-6 所示的入户平台钢结构模块，四周由工字钢焊接为主体，中间由角钢和槽钢作为走廊钢板的支撑与工字钢焊接为一体，上部焊接钢板以供人员行走。

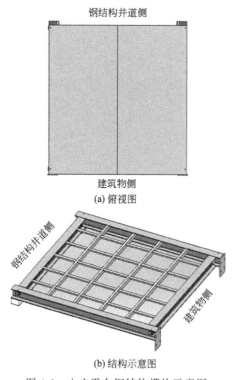

图 4-6　入户平台钢结构模块示意图

4.2.4 楼梯连接钢结构模块

当电梯出入口与建筑物出入口较远或高度差较大时，在这种情况下为方便人员乘坐电梯需要为钢结构电梯配备走廊，走廊需要根据电梯所在地的不同地形进行设计。如图 4-7 所示的带拐角的楼梯连接钢结构和直行的楼梯连接钢结构。

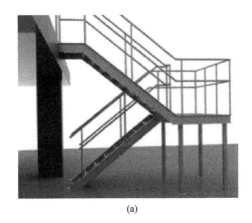

(a)

(b)

图 4-7　楼梯连接钢结构模块示意图

4.3　电梯钢结构模块化设计流程

因为电梯钢结构的规格需要根据不同建筑物的高度以及入户位置、载重量、各地的自然及地理环境进行确定，所以从电梯钢结构模块系列化设计和个性化设计两方面将电梯钢结构模块化设计分为两个不同层次[14]。

第一个层次为系列钢结构模块化研制过程，需要根据对市场趋势的预判对整个系列的钢结构模块进行设计，本质上是系列钢结构模块研制过程。第二个层次为单个钢结构模块的设计，需要根据用户的具体要求对模块进行选择和组合，如有必要的话可以对其中一个或几个模块进行非标设计，本质上是选择及组合过程。总的来说，电梯钢结构模块化设计遵循一般机械产品模块化设计的原则，但因为其大规模定制的特性使得电梯钢结构模块化设计是一个复杂的系统工程，要想实现电梯钢结构的模块化设计需要一个良好的系统平台[15]。

根据两个不同层次的划分，将电梯钢结构的模块化设计分为两个循环过程：钢结构模块系统开发和钢结构模块配置开发，具体流程如图 4-8 所示。系统开发其实是根据市场预测，运用有关知识开发出一个钢结构模块设计平台，这种新模块的开发不是传统设计中面向单个钢结构模块，而是面向一系列电梯钢结构模块，这为产品配置开发打下基础[16]。面向用户的钢结构模块配置开发是根据用户的个性化需求，在新模块开发过程中形成的一系列电梯钢结构模块的基础上，利用已有的模块，进行变型设计和配置开发，以形成满足客户个性化需求的电梯钢结构产品。这两个过程是相辅相成的，系统开发具有创新性、基础性，是具有未来市场需求的新产品；而模块的配置开发能使企业快速响应用户的个性化需求。

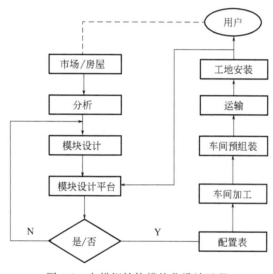

图 4-8 电梯钢结构模块化设计过程

4.4 电梯钢结构模块的编码

4.4.1 电梯钢结构模块编码的基本原则

电梯钢结构的模块编码是用规定的字符来代表复杂的概念，从而避免文字叙述所带来的冗长和累赘以及概念表达的多样性、多义性和非标准化。模块编码的目的主要是使模块信息的描述代码化，即用一个具有充足信息的编码来唯一地标识一个模块，从而为模块的选择和组合，尤其是该过程的计算机管理提供必要的条件，模块化设计系统的前提是针对产品的特点确定编码的方法，使其体现产品的结构特征，从而便于模块的划分、组合和管理[17]。

为了便于进行计算机辅助管理和实现电梯钢结构模块编码的自动生成，钢结构模块的编码应遵循以下几个原则。

唯一性原则：每个编码只对应一个钢结构模块，每个钢结构模块也只有一个编码。

完整性原则：钢结构模块的编码应尽量表达该模块从设计到生产再到安装等的各种信息，为后续钢结构的信息管理和追溯提供便利。

便捷性原则：钢结构模块的编码字符应尽量简短，编码的编排要尽量规整，便于计算机存储、人员的查阅和阅读。

总之，钢结构模块的编码方案要完整表现模块的信息：编码只是作为钢结构模块的代号，本身并无任何含义，电梯钢结构模块编码的意义是为了更简单地传递模块的信息；同时要与行业的规范对接：模块的编码管理如果非常规范，产品数据管理由标准流程控制，能够建立完善的技术表达体系，能够使模块的信息被更多用户掌握，使钢结构模块产品能在更大范围内得到认可和使用。

4.4.2 电梯钢结构模块编码的方案

从实际应用看，电梯钢结构模块编码主要应用于井道钢结构模块、入户平台钢结构模块和楼梯连接钢结构模块的设计实例的信息管理及模块的计算机辅助选择和组合。电梯钢结构模块中需要编码的描述信息包含 4 个组成部分。

① 电梯钢结构模块的类型信息：描述该钢结构模块是井道钢结构模块、入户平台钢结构模块还是楼梯连接钢结构模块，在模块被包装后可以直接判断出模块的类型，方便对该类型模块进行运输与安装；

② 电梯钢结构模块的制造信息：描述具体钢结构模块的制造日期、出自哪条生产线以及生产过程中的状态等信息，便于追溯产品质量，也方便企业掌握产品生产线的工作效益和工作质量；

③ 电梯钢结构模块的安装信息：描述该钢结构模块接口的特性和与其它模块的连接要求与工艺，用于运输和吊装计划编制；

④ 电梯钢结构模块的设计信息：用于追溯设计人员和模块的设计图纸以及存储和管理设计信息。

其中，电梯钢结构模块的类型信息和钢结构模块的安装信息从属于钢结构模块的设计信息，把这两部分内容单独编码是为了后期便于识别、管理、判断该模块，方便以较为简单的编码方式直观地表达该模块的内容[18]。

因此，在编码时，可以将电梯钢结构模块的类型信息和安装信息与钢结构模块的设计信息分开处理，前者作为钢结构模块的简单识别码，而后者则以全面详细的编码形式记录该模块的详细设计信息，便于必要时查找。

在以上工作完成以后，将每一个代表不同钢结构的编码输入信息库中，从而形成模块的信息系统，具体编码格式如图 4-9 所示。

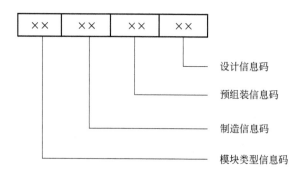

图 4-9　钢结构模块编码格式

创建模块化设计系统的第一步是针对具体产品完成其产品系列型谱的拟定。电梯钢结构属于大型结构件，结构布局形式、设计参数和刚度、强度等设计约束对设计出的结构都有直接影响。因此，对此类非定型结构机械产品进行模块化快速设计分析时，就应总结出其影响结构的主要参数，作为划分不同模块和储存模块信息的依据，然后在此基础上归纳典型结构形成一系列的模块编码[19]。如对井道钢结构模块进行模块编码时，分析其结构与各主参数之间的关系后，确定模块的初始编码，然后根据此类其它模块某个参数的变化形成该模块的一系列编码，编码系列化示意图见图 4-10。

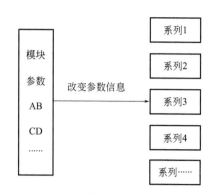

图 4-10　编码系列化示意图

4.5　电梯钢结构模块连接技术

4.5.1　电梯钢结构模块连接技术分析

（1）电梯钢结构模块接口分析

模块通常是指具有一定独立功能，可以组合、分解和更换的单元，是组成系统、易于处理的基本单位。当由钢结构模块组成钢结构系统时，除了要有一些模块外，还要设计模块的连接接口，通过接口并按一定的结构，把所有的钢结构模块有机地连接成整梯钢结构。因此，从模块的定义出发，我们也可以把接口看成模块，即接口是连接电梯结构模块的部分。模块接口只是用来连接模块，钢结构模块的其它属性并没有改变[20]。

模块接口的系列化是电梯模块化设计的重要组成部分，模块接口是具有直接联系的两个模块在结合部位形成的边界结合表面。由于表面结合是相对于两个模块而言的，结合表面也是成对出现的，所以模块接口具有对偶性，一个成对的边界结合表面就称为一个接口副。由此定义可知，某一接口的两钢结构模块的结合要素和结合表面特征都要通过钢结构模块接口的具体特性来体现，或者说是采用模块接口的具体连接要素来描述，并通过这种描述来评测模块结合的互换性程度。另外，电梯钢结构模块接口作为不同模块之间结合部位的边界，反映了模块耦合与内聚的水平，表征了具有直接联系的模块之间的功能差别程度。这些指标在电梯钢结构的模块划分阶段也具有很大的参考价值。

从钢结构模块接口的设计、选材、生产工艺、使用、维护等全生命周期过程进行分析，一个电梯钢结构模块接口的连接要素主要包括功能特性、几何特性和材料特性，并且其中的每种特性又包含了一些具体特征。通过对模块接口的分析，结合电梯钢结构模块的特点，可得到模块接口的特性图，如图 4-11 所示。

在电梯钢结构中，不同模块之间存在连接关系，组成模块的零件存在连接关系，钢结构整梯与建筑物也存在连接关系，而接口的连接方式对钢结构整体的可

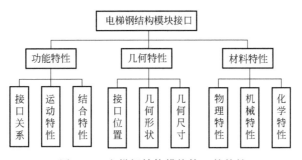

图 4-11　电梯钢结构模块接口的特性

靠性至关重要。所以，按照接口不同特性研究不同接口的最合适的连接方式对结构的设计具有重要意义。

（2）电梯钢结构模块接口系列化设计

对电梯钢结构的模块接口进行系列化，目的是建立模块接口的数据结构。模块接口的数据结构就是模块接口的各项特征信息的具体数据描述，根据当前模块化技术发展的水平和模块接口设计任务的要求，将电梯钢结构模块接口各种特性的数据信息进行标准化和规范化。再考虑模块组合设计的拓扑描述特点和各种约束要求，即可建立钢结构模块接口的数据结构，这一数据结构是建立模块化库的重要数据来源。

电梯钢结构模块接口系列化的主要原则有两个：模块接口几何形状的统一性原则和模块接口几何尺寸的择优性原则。模块接口几何形状的统一性原则是指具有相同功能的模块接口应采用相同的接口几何形状。对于同一系列的模块接口，其几何形状也应相似，不同的只是具体尺寸。模块接口的几何尺寸择优性原则是指对于同一系列的模块接口，其几何尺寸的选定应满足优先数系，这样处理才能满足产品系列化的要求。

电梯钢结构模块接口系列化设计的实施路线：基于模块接口系列化的原则，灵活运用钢结构的模块化设计的特点，设计出标准模块接口几何结构和几何尺寸的系列原型，然后再对系列原型进行技术经济分析和设计修正[21]，该路线的结构如图 4-12 所示。

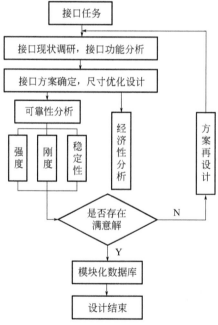

图 4-12　电梯钢结构模块设计路线图

（3）电梯钢结构模块接口标准化设计

电梯钢结构利用模块化设计方法在设计钢结构模块的同时，还要设计接口。因此，除了钢结构模块本身的标准化外，还要进行模块接口标准化。钢结构接口的标准化主要解决两个问题：一个是同一对钢结构模块如何采用不同的接口的问题；另一个是同一个接口如何连接不同的电梯钢结构模块的问题。前者要解决接口的互换性，而且还要按标准化的原理对接口进行标准化，后者要解决接口的通用性，即一个钢结构模块接口尽可能适用于多个不同模块的连接，这样就使原来的模块通过接口连接不同的模块，延伸了原来模块的功能。如果接口标准化解决得不好，模块之间的接口设计就很复杂，模块间联系增多，可能导致与之相连接的钢结构模块独立性下降，最终影响整个钢结构电梯的可靠性。

以上内容表明，钢结构模块接口的标准化是非常重要的。一个模块化的电梯钢结构的可靠性和可移植性在一定意义上说就是模块之间接口的质量问题，也可以说，模块之间的接口问题处理得好，就会更好地提升整梯的质量和可靠性。

4.5.2　电梯钢结构模块的连接方式

电梯钢结构中的各模块和结构件需要组装为一个整体才能成为完整的钢结构整梯。钢结构之间的连接，即钢结构节点连接是电梯钢结构设计的重要组成部分。许多钢结构破坏性事故都表明，钢结构大多是由于节点首先破坏而导致结构的整体破坏。所以电梯钢结构节点设计不仅对结构安全有重要的影响，而且直接影响钢结构模块的制作、安装和造价[22]。因此，节点设计是整个钢结构设计工作的重要环节。

从电梯整体钢结构来看，整梯钢结构是由井道钢结构模块、入户平台钢结构模块和楼梯连接钢结构组成，各模块在设计时需要根据钢结构的设计规范设计连接方式和连接结构。从模块的结构来看，各钢结构模块是由不同的结构杆件连接而成，也需要根据钢结构的设计规范对各结构杆件的连接方式及连接结构进行设计[23]。

（1）连接类型

电梯钢结构模块的构件杆件之间的连接可采用全焊连接、高强度螺栓连接、焊接和高强度螺栓混合连接三种方式。

（2）连接类型的比较

全焊连接传力最充分，不会滑移，良好的焊接构造和焊接质量可以为结构提供足够的延展性，缺点是焊接部位常留有一定的残余应力；高强度螺栓连接，施工较方便，但杆件的接头若全部采用高强度螺栓时，接头尺寸较大，钢板用量较多，费用较高，而且强烈地震时，接头可能产生滑移；螺栓与焊接混合连接，应用比较普遍，先用螺栓安装定位，然后施焊，操作方便[24]。

(3) 连接方法

结构杆件的连接：如图 4-13(a) 所示，立柱方管与横梁方管采用全焊连接的方式连接；如图 4-13(b) 所示，立柱方管与横梁工字钢采用螺栓连接的连接方式。

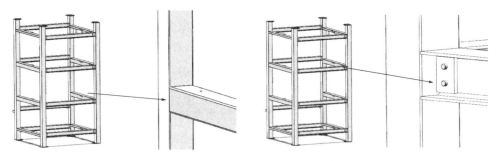

(a) 立柱方管与横梁方管的连接　　　　　　(b) 立柱方管与横梁工字钢的连接

图 4-13　结构杆件的连接方法

模块间的连接：如图 4-14(a) 所示，井道钢结构模块各分模块之间采用螺栓连接与焊接混合的方式连接；如图 4-14(b) 所示，井道钢结构模块与入户平台钢结构模块的连接采用全焊的连接方式。

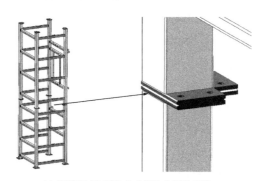

(a) 井道钢结构模块各分模块之间的连接

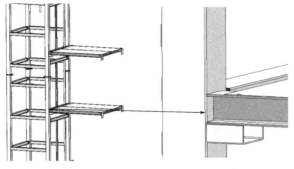

(b) 井道钢结构模块与入户平台钢结构模块的连接

图 4-14　模块间的连接方法

4.6　本章小结

　　本章对电梯钢结构的模块化设计理论与方法展开研究，根据一般机械产品的模块划分方法，把模块化设计理论应用到电梯钢结构的模块化设计中，将快装式钢结构电梯的钢结构框架依据结构和功能性的差异划分为井道钢结构模块、入户平台钢结构模块、楼梯连接钢结构模块，对三个模块的结构组成和功能进行分析；为了便于管理所生产的钢结构模块，方便查阅和追溯模块的设计和生产信息，提出了一套钢结构模块的编码方案；同时对钢结构模块自身结构杆件的连接方式和钢结构模块之间的连接方式进行描述分析。

　　工程实践证明，将模块化设计理论应用到电梯钢结构的设计中，大大加快了钢结构产品的研发速度、降低了研发成本，而且对每个钢结构模块的精准设计又提升了整梯钢结构的质量，同时钢结构的模块化设计也为后期的面向快装的电梯产品设计奠定了基础。

参 考 文 献

[1]　李晓丽.机械产品模块化设计探讨 [J].科技创新与应用，2016 (4)：126.

[2]　林晓容.客车模块化设计及超级 BOM 应用 [J].机电技术，2019 (2)：116-120.

[3]　田彧，王大军.电梯轿厢结构模块化和参数化设计研究 [J].机电产品开发与创新，2006，19 (6)：29-30.

[4]　吴超.模块化设计方法在电梯产品开发项目中的应用研究 [D].上海：上海交通大学，2009.

[5]　周光卫.计算机辅助设计技术在机械设计中的应用 [J].中国机械，2014 (21)：56.

[6]　鲁星.基于 VRML 和 Java 的虚拟钢结构厂房系统 [D].武汉：武汉科技大学，2008.

[7]　吴超.电梯产品研发项目模块化设计方法研究 [J].项目管理技术，2008 (z1)：263-265.

[8]　齐尔麦.机械产品快速设计原理、方法、关键技术和软件工具研究 [D].天津：天津大学，2003.

[9]　魏巍，彭关伟，吉军，等.基于改进免疫算法的可拆卸设计的产品模块划分方法 [J].航空制造技术，2017，60 (8)：64-69.

[10]　单春来，李永成，侯文彬.基于模块化设计的车身装配结构优化 [J].汽车工程，2018，40 (5)：617-624.

[11]　张学玲.基于广义模块化设计的机械结构静、动态特性分析及优化设计 [D].天津：天津大学，2004.

[12]　刘志，李帮义，程晋石，等.基于模块化设计的制造/再制造生产决策 [J].计算机集成制造系统，2016，22 (4)：935-944.

[13]　唐涛，刘志峰，刘光复，等.绿色模块化设计方法研究 [J].机械工程学报，2003，(11)：153-158.

[14]　高卫国，徐燕申，陈永亮，等.广义模块化设计原理及方法 [J].机械工程学报，2007，43 (6)：48-54.

[15]　王海军，孙宝元，王吉军，等.面向大规模定制的产品模块化设计方法 [J].计算机集成制造系统，2004，(10)：2-7.

[16] 李国喜，吴建忠，张萌，等.基于功能-原理-行为-结构的产品模块化设计方法 [J].国防科技大学学报，2009，31 (5)：75-80.

[17] 曾蓉华.浅谈杭钢 ERP 设备模块的编码体系 [J].浙江冶金，2007 (04)：21-24.

[18] 关欣.模块化工业机器人减速器模块的编码研究 [J].科技创新与应用，2016 (30)：83-84.

[19] 侯亮，徐燕申，李淼，等.基于模板模块的机械产品广义模块化设计模块编码系统 [J].机械设计，2002，19 (1)：8-10.

[20] 周估，胡利民.模块接口的标准化 [J].标准化报道，1992，013 (006)：13-14.

[21] 朱元勋，周德俭，谌炎辉.面向模块化库的装载机模块接口的系列化设计 [J].机械设计与制造，2012 (05)：260-262.

[22] 刘立新，仇硕华，张青，等.钢结构梁柱半刚性节点连接 3 种设计方案及其对比 [J].中国电梯，2018，29 (1)：7-10，62.

[23] 刘立新，侯涛，张青，等.有机化学锚栓与膨胀螺栓实用对比分析 [J].中国电梯，2018，29 (16)：33-35，47.

[24] 王国强.浅谈多高层建筑钢结构连接节点 [J].山西建筑，2007 (11)：104-105.

第5章 钢结构电梯面向快装的模块化设计

基于模块化设计理论和方法的综述，结合快装式电梯工程实际，提出运用模块化和参数化合二为一的设计方法来满足产品敏捷制造的需求。首先探讨了快装式钢结构电梯产品功能模块三层次划分方法，进而对模块进行编码，结合模块参数化设计，提出构建适合快装式钢结构电梯产品的模块化和参数化相结合的柔性产品平台，并研究了基于产品平台的产品族开发技术，为既有建筑加装的钢结构电梯的快速安装提供了理论依据和可行性的工程方案。

5.1 快装式钢结构电梯产品模块化设计综述

5.1.1 快装式钢结构电梯产品模块化设计目的及意义

随着人们对电梯产品需求的迅速发展，现在的电梯制造企业的产品种类越来越丰富，如客梯、医用梯、货梯、自动扶梯、有机房电梯、无机房电梯、小机房电梯等，多品种、个性化、大批量的特性正在逐步显现。同时，为既有建筑加装电梯也已经形成了一个巨大的市场。

既有建筑加装的电梯具有如下特点：①从结构上讲，个性化极强。这种电梯自带钢结构井道，井道一方面构建成一种建筑结构，另一方面钢结构与既有建筑结构融合为一体，并且考虑已有建筑结构形式、地基条件、入户位置、光线遮挡、电梯位置等因素，几乎是一梯一样式的单件定制式机电产品。②从安装施工讲，需要快速安装，尽可能地少扰民，力争做到不影响房屋内居民的正常生活。这种个性化极强的大批量定制式复杂机电产品如何实现安装施工的快速化，从整个产品的生命周期管理来说，设计阶段是所有过程的源头，要有效地解决这些问题也必须从设计的源头进行考虑，采用合理有效的方法使后续步骤可以顺利进行。而模块化设计的理念由来已久，模块化设计方法是一种有效的设计手段，采用模块化的方法来设计和制造电梯，不仅使设计效率和可靠性提高了，而且模块化的多样性和组合性又可以很好地解决电梯市场特有的多样化的客户需求，因此模块化设计对快装式钢结构电梯来说是一种必需的首选的理念和方法。

快装式钢结构电梯的模块化设计要解决好如下四个关键问题：①电梯工程整体规划方案，电梯工程内容包括调研、设计、制造、预安装、运输、起吊、安装等环节。②井道钢结构模块与电梯机械系统（包括曳引系统、导向系统、轿厢系统、门系统、重量平衡系统和安全保护系统）零部件的匹配。③钢结构与地基、墙体、结构等既有建筑环境要素的融合。④承载运动部件的钢结构安全评估与稳健优化。

既有建筑加装的钢结构电梯产品模块化设计的基本思想是：在全面分析和研究客户需求与既有房屋特点的基础上，开发一个产品柔性平台和一些具有独立功能的模块，由这些模块组成完整的电梯产品族。这种思想使得电梯工程具有总成设计模块化、模块制造一次性、安装进程积木式的特点。一个面向大规模定制的模块化产品族由描述产品构成情况的产品主结构以及描述零部件（模块）各方面特点的主模型和主文档组成，产品的主结构以及各模块的模型、主文档之间存在着十分紧密的联系。它是通过标准部件接口的详细说明，考虑安装中的总成组成，车间加工制造的一次性运输、吊装的方便快捷等因素，把产品分解成相互之间高度独立及相互之间依赖很小的部件的一种面向广义制造周期的设计模式。其模块化产品体系结构是一个产品设计的特定形式，它使用部件间的标准接口来建立一个柔性的产品体系结构。在模块化产品设计中，标准的接口允许有一定的变异范围，以此组成不同形式和功能的产品。

5.1.2　模块化理论综述

最早有关模块化的论述可以追溯到亚当·斯密，模块化最原始的形式就是分工，将这种企业层次的分工构想扩展到产品设计和制造领域，就是模块化设计和制造最简单的理解。

在后来的研究中，朱瑞博[1] 提出：模块化是通过标准的界面结构与其它功能自律性子系统按照一定的规则相互联系而构成更加复杂系统的过程，包括"分解"与"系统集成"。

汪涛、徐建平[2] 指出模块化是包括系统分解与组合的过程与方法。

Baldwin 和 Clark[3] 在研究模块化对产品生产与制造作用时进一步指出：模块化使得各个部件能够分开制造，而且可以在不损害系统整体性的前提下应用于不同的产品结构；它通过将界面规格标准化，从而在各部件的设计中出现了高度的独立性或"松散的耦合"，通过将信息区分为显性的设计规则和隐性的设计参数，使得不同的部件能够在产品结构里相互替换。

随着模块化理论研究的发展，很多学者对模块化的概念有了更进一步的理解。青木昌彦、安藤晴彦[4] 提出：模块化是一个半自律的子系统，通过和其它系统按照一定的规则相互联系，构成更加复杂的系统或过程。模块化包括系统的分解与集成，是一种追求创新效率与节约交易费用的分工形式，模块化可以使复杂的系统问题简单化，耗时的工期高效化，集中的决策分散化。模块化的关键点与难点在于系统的功能性分析，而模块化程度则取决于系统的可分性与投入、需求的多样性。

Buenstorf[5] 提出模块化是系统的一种"语言"，包括两个方面：一是指"模块分解化"，将一个复杂的系统或过程按照一定的联系规则分解为可进行独立设计的半自律性子系统的行为；二是指"模块集中化"，即按照某种联系规则将可进行独立设计的模块统一起来，构成更加复杂的系统或过程的行为。

鉴于以上学者的研究，模块化被定义为将复杂产品系统创新任务分解成相对简单的模块进行创新，最后按照界面标准集成为一个相对复杂产品的全过程。模块化使得各个模块的创新活动能够独立进行，包括模块分解与模块集成。

5.1.3 模块化设计概念及方法

模块化设计[6,24] 是指采用模块化概念、技术或理论对产品进行开发与设计，它主要包括模块分解、模块组合以及模块化产品数据管理等。模块化设计不仅是一种设计理念，也是一门设计技术。在模块化设计方法中，模块是模块化产品的基本组成元素，它是一个产品最基本的单元体，可以通过不同模块的组合和匹配产生大量的变型产品。所以产品模块化的主要目的就是以尽可能少种类和数量的模块组成尽可能多种类、规格的产品，以最小的成本满足市场的各种需求。

模块化设计的概念在 20 世纪 50 年代由欧美一些国家正式提出，随后得到越来越广泛的关注和研究。在模块化设计的定义、实现过程，模块的划分与综合，以及基于模块化设计的产品族规划与设计等方面都有诸多研究。

在模块划分技术的研究方面，Erixon 等[7] 提出了以子功能为独立模块的 11 个条件，并以此作为模块划分的通用原则，建立模块识别矩阵（MIM），然后对各功能载体进行聚类。Gu 等[8] 提出了一种面向产品全生命周期工程多目标（易于回收性、可升级、可重复用、重构等）的模块划分方法，在进行功能结构分析时使用模糊数学中权重的概念，为模块划分从定性转向定量提供了依据。Stone 等[9] 提出了一种用于产品架构开发的功能模型定量化建模方法，将模型中各个子功能与能量流、物流和信号流相关联，以客户需求程度为衡量尺度，建立需求、功能数据库，并将功能与需求的关系定量化，以此作为模块划分与模块发展的主要依据。

在模块组合技术的研究方面，Tsai 等[10] 从并行工程的角度出发，在考虑设计、加工和装配复杂性的情况下，将功能按其在设计过程中的接口关系划分为不同类型的模块，并从中选出最优模块，然后根据模块中的信息，排定模块中各个功能的优先权，作为规划设计的依据。O'Grady 等[11] 研究了分布协同的网络设计环境下模块的组合方法，通过一个面向对象的模块化产品设计环境，可以将不同地区、不同模块制造商提供的模块快速组合成满足用户需求的模块化产品。模块接口的匹配是模块组合的重要条件，Hillstrom[12] 结合公理化设计原理和传统的 DFMA（面向装配和制造的设计）方法进行了模块化设计的接口分析。

基于以上内容，模块化设计方法与传统设计方法相比，不同点主要表现在：①模块化设计面向产品系统而传统设计针对某一专项任务；②模块化设计是标准化设计而传统设计是专用性的特定设计；③模块化设计程序是由上而下而传统设计程序是由下而上的；④模块化设计是组合化设计而传统设计是整体化设计；⑤模块化设计需要系统的新理论支撑而传统设计主要依靠经验；⑥模块化设计的产物既可以是产品也可以是模块而传统设计的产物是产品[13]。

然而传统模块化设计方法具有局限性，传统的模块化设计中模块划分是采用系列化标准中的优先数和优先系列方法进行的，如果产品系列分得非常细，那么每个品种的数量就会非常少，则所需的设计和制造成本就会明显增加；如果系列分得较粗，虽然企业生产会较为简单，但用户购买的产品不是功能不足，就是功能冗余。并且大型、重型产品（如大型液压机、水力发电机等）相邻一个优先数，其结构和价格差距很大，这些都与用户个性化需求相矛盾。另外，随着计算机技术的发展和在设计中的使用，参数化设计和变量化分析的方法在产品设计中得到广泛应用，而传统的模块化设计多是以固定尺寸系列划分的刚性模块为基础，与之不相适应。

针对传统模块化设计方法的局限性，高卫国提出了广义模块化设计[14]：是以传统模块化设计基本理论为基础，引入参数化设计和变量化分析方法，通过对一系列产品进行功能分析并结合其在设计、制造、维护中的特点，划分并构造具有更大适应性的广义模块和广义产品平台，通过广义模块的组合或广义产品平台的衍生实现产品的快速设计。

5.2　快装式钢结构电梯模块的划分

5.2.1　快装式钢结构电梯模块的划分方法

模块划分最基本的原则是以少数块组成尽可能多的产品。一般来说，因为多数人所研究的对象不同，导致其侧重点就会有偏差，所以并没有形成完全统一的模块划分原则。依据公理化设计思想，模块化设计首先是应完成从用户需求域到模块化功能域的映射；然后在考虑模块性能的基础上完成从模块功能域到模块结构域的映射，先将产品的总功能划为一系列子功能，并按照子功能之间一定的相关性影响因素来进行聚类分析，结构是功能的载体，并且功能的聚类最终要映射为一定的结构体。所以，对电梯产品进行模块划分时，我们同样可以参照需求、功能与结构的映射对产品进行模块划分[15]。

需求层。这一层从用户的角度对产品提出功能要求，并对这些要求进行分类，从而得到满足用户需求的模块划分。根据用户需求的性质，可以把产品模块分为两类：必选模块和可选模块。必选模块代表了配置产品所必需的组成模块，也是用户对产品最底层、最基本、不能被忽视的需求。可选模块则是在必选模块的基础上派生出来的居于次要地位的用户需求。在划分过程中应该注意将满足以下条件的需求划分为独立的需求模块：①系列产品中同时存在的模块；②可能随时间、使用环境或用户的改变而变更的需求；③可选模块因其通用性和易变性往往应划分为独立的需求模块。

功能层。在需求层的基础上，从功能设计的角度对产品进行功能分析，全面地概括产品应具备的各项功能，并按一定的原则对这些功能进行分解、合并，最终将产品划分为一系列功能模块。功能层的主要任务是站在设计者的角度从原理上实现产品功能。在功能层中首先要分析用户所提出的需求模块，然后设计出一系列的功能元来完成一定的功能以满足这些需求的模块。最后，再对这些功能元进行聚合，将那些关系密切的功能元划分在一起，从而形成一系列功能模块。通过功能元的聚合可以减少组成产品的模块数，从而降低模块组合的复杂度。

结构层。在功能层的基础上，从结构设计的角度对产品进行结构上的划分。结构层模块的划分要尽量与功能模块的划分一一对应，以便把功能模块的划分原则体现在结构中。

通过对电梯产品模块划分过程进行三个层次规划，可以简化整个模块划分的过程，并使模块划分中的问题得到多角度、全方位的考虑。图 5-1 所示为三个层次的划分框架。

作为大型工业产品，快装式钢结构电梯还是以实现它的功能性为主要目的，所以按照功能分析的原则对产品进行模块划分是比较符合实际情况的划分方法。在功能分析的基础上，再按照上述三个层次的结构划分对产品进行合理的分解，实现合理的模块划分，才能创建出满足特定功能的模块，并最终为配置出满足用户要求的产品打下基础。

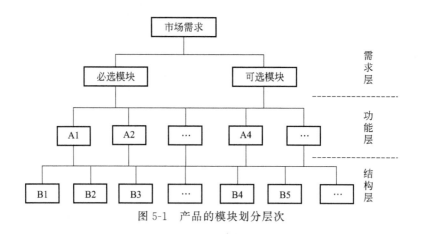

图 5-1　产品的模块划分层次

5.2.2　快装式钢结构电梯模块的划分与配置

电梯作为一种工程化产品，是一种空间化垂直移动的机械电气设备，它包括八大系统，具体为曳引系统、导向系统、轿厢系统、门系统、重量平衡系统、电力拖动系统、电气控制系统、安全保护系统，每个系统独立但又相互联系。同时一个刚性井道是电梯必须要依赖的，将导向系统固定在井道上面才能安全平稳地运行设备，所以可以将电梯井道作为电梯设备的一个独立的系统（第九大系统），则通过对电梯的"第九大系统"进行细分可以将问题细分并解决，但因电梯井道结构的特殊性会给电梯施工带来较多困难，所以采用将电梯井道设为若干个刚性模块，然后通过将电梯的八大系统分别安装在不同的模块上的思路来解决诸多问题。

快装式钢结构电梯是为既有建筑加装的电梯，是总成设计模块化、模块制造一次性、安装进程积木式的电梯，是一种能与既有房屋结构融合为一体自带钢结构井道的电梯，是服务于既有建筑物内若干井道的楼层，其轿厢运行在至少两列垂直于水平面或与铅垂线倾斜角小于 $15°$ 的刚性导轨之间的永久运输设备。

对快装式钢结构电梯产品进行模块化划分，需要研究以下三个问题：

①　钢结构井道采用积木式安装。将钢结构井道分为由底层框架、若干个中间层框架和顶层框架等模块，在工厂内各模块框架均在自行研制的焊接夹具上完成框架焊接和探伤工艺全过程，框架之间采用高强度螺栓连接紧固，现场积木式组装成钢结构井道，并且将电梯井道电气控制系统也做模块化处理，通过快速接头完成电气安装。

②　钢结构电梯井道与电梯其它系统模块之间的安装。在工厂车间内，将曳引式电梯所有的配件分别安装在对应的钢结构模块中，并完成部分调试工作。这样，原有的电梯现场安装的部分工序得以在工厂车间内完成，既容易保证电梯安

装质量，又进一步节省现场安装时间，能够解决施工扰民问题，社会效益明显。

③ 采用定位楔块和定位键结构。定位楔块和定位键是积木式模块化电梯安装的关键部件，其结构可以有效缩短井道的安装时间，并且解决了加装电梯吊装和导轨安装的难题，从而真正达到了电梯工厂内装配、施工现场只进行吊装和整机调试的目标，实现了快速安装的客户需求。

(1) 系统模块化单元的建立

目前电梯设计方案对电梯井道的设计缺乏符合自身特色的要素。由图 5-2、图 5-3 可见，快装钢结构电梯是由各个功能元组成的包括钢结构在内的一套复杂机电系统。钢结构系统、机械系统和电气系统都是必不可少的一部分，都是必选模块，三部分中的小模块，既存在多选一模块，又存在可选可不选模块。单就钢结构系统而言，图 5-3 所示的六种形式的快装钢结构电梯中，图(a)～(c) 为钢化玻璃外装饰钢结构，图(d)～(f) 为彩钢板外装饰钢结构；图(a)、(d)、(f) 为服务于电梯单侧直接入户钢结构，图(b)、(e) 为服务于电梯两侧半层入楼钢结构，图(c) 为服务于整栋楼所有住户的钢结构；图(f) 为始于一层钢结构，图(d) 为始于二层钢结构，图(a) 为始于三层钢结构；图(b) 为最高服务四层钢结构，图(a)、(d)、(f) 为最高服务五层钢结构，图(e) 为最高服务六层钢结构，图(c) 为最高服务七层钢结构。因此，钢结构井道是必选的，但最高服务楼层不同，井道钢结构中间互换性模块数量是可选的，入户方式不同，平台既有形式选择，又有有/无选择。机械系统和电气系统两部分几乎全部属于多选一模块。图 5-4 所示为快装钢结构电梯功能单元的划分（图示仅为部分组件，结构层不再详述）。

图 5-2　现场安装中的快装钢结构电梯

所以采用模块化的方法，将电梯的九大部件分为不同的模块，钢结构井道为一个特殊模块，从产品的设计角度来考虑，前面章节已经将巨型钢结构井道模块从下往上依次划分为底层框架模块、中间层框架模块、顶层框架模块、顶盖模

图 5-3　六种形式的快装钢结构电梯案例

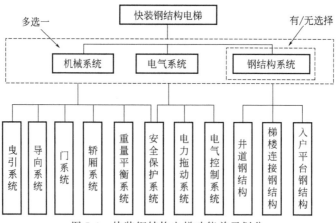

图 5-4　快装钢结构电梯功能单元划分

块，而各层框架均在工厂车间内焊接而成，框架高度可设置对应 1～3 层楼高，根据经验以两层楼高为佳，现场积木式组装成钢结构井道，这种工厂焊接、现场积木式组装的方式可以完全省去现场高空焊接的麻烦，使得整个钢结构电梯井道现场装配工序可以当日完成，克服了现有钢结构电梯井道工期长、成本高的缺点。

（2）系统的模块划分与预安装配置

将模块划分完成后，为了节省现场安装时间，需要在工厂内将部分电梯模块安装于井道钢结构模块上。对于导向系统模块与钢结构井道模块的安装，因为钢结构井道内设置有可升降轿厢和对重装置，所以在三个不同井道钢结构模块的同一侧相应部位上均设置了一对位于对重装置两侧的导轨支架，两导轨支架内侧端分别设有与对重装置配合工作的对重导轨，两导轨支架外侧端分别设置与轿厢配合工作的轿厢导轨（如图 5-5 所示）。导轨支架紧固在各井道钢结构的中间水平腹杆上（如图 5-6 所示），对重导轨紧固在导轨支架的内侧，而轿厢导轨紧固在导轨支架的外侧。导轨集中在轿厢的同一侧，距中间水平腹杆很近，由于导轨支架受力件采用槽钢材料，且承受力矩较小，故这种导轨固定方式结构紧凑，受力合理，状态稳定可靠。将轿厢导轨和对重导轨合并在一个组合型支架上，作为轿厢和对重的接口，供电梯轿厢安装和对重安装。由于对重装置的放置位置不同，可分为侧置式与后置式两种方式，快装式钢结构电梯轿厢采用侧置对重的背包架结构，在保证轿厢面积符合规范要求的前提下，尽量减少钢结构井道占地面积。

门系统模块的安装：合理选择部分中间框架开取厅门，并通过对轿厢门和厅

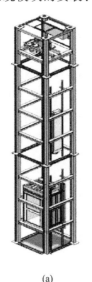 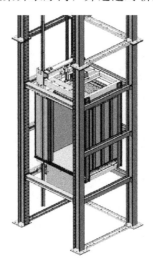

(a)   (b)

图 5-5　快装钢结构电梯模块安装

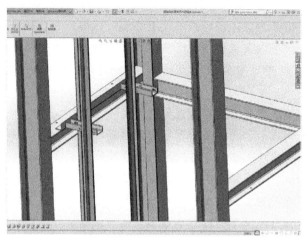

图 5-6　导轨支架安装

门开门方式的合理选择，轿厢及其轿厢架的平面布置的优化设计，使井道容积率（即轿厢投影面积与井道占地面积的比值）趋于最大化。

曳引系统模块的安装：主要包括曳引机、限速器和控制柜的安装。首先根据机房的有无或大小以及曳引机的放置方式来进行特色设计，对于有机房的电梯，对顶层框架模块进行设计，曳引机模块可采用常规曳引机，并放置于顶层中央处，其控制柜放于后伸出的机房中。对于无机房的电梯，曳引机的放置首先分为上置式和下置式，两者分别对应顶层框架模块与底层框架模块，其下置式曳引机较不常见，在此不做介绍；对于上置式曳引机，根据曳引机的种类，对曳引机的安装又可分为不同的方式，包括正常放置与侧置式。根据以上考虑，对顶层框架模块在生产制造时采取不同的方式，根据当地实际情况及需要来挑选并组装。

钢结构电梯中电气结构的模块化设计及安装：在对其它模块设计安装以后，需要考虑模块化钢结构电梯的模块化电气连接结构，在钢结构井道底层框架模块、多个中间层框架模块、顶层框架模块内分别集成有模块化的电气连接结构（如图 5-7 所示）。其中，模块化的电气连接结构包括至少一根电缆线及设置于电缆线两端的连接器，则连接器又包括公端和母端（如图 5-7 所示）。电缆线沿井道框架的长度方向安装且两端分别靠近框架模块两端。连接器为航空插头，保证了电气接触牢靠，密封防水，安装也变得简单化。在现场吊装井道时，先用连接件将基座模块、底层框架模块、多个中间层框架模块、顶层框架模块和顶盖模块连接，然后将各个模块中集成的电气连接模块连接，完成电梯井道的结构和电梯电气结构的连接，做到快速、准确、安全地安装，提高安装效率，实现钢结构电梯的最优化安装方案，节约现场安装时间及安装成本。

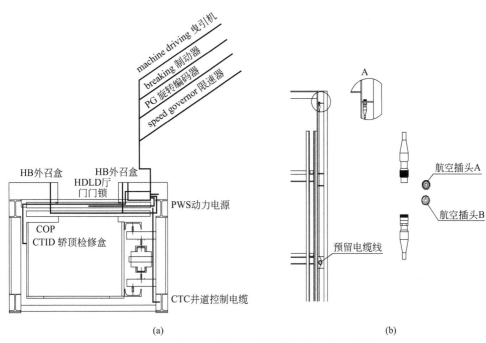

图 5-7　钢结构电梯中电气结构模块化设计及安装

(3) 系统的模块化运输

基于以上两点，对钢结构电梯进行模块建立以及各模块针对安装的设计后，因大部分安装与制造均在工厂内完成，则预安装后的模块群需要运输到现场进行积木式安装，则此运输也可以进行模块化处理，根据汽车的模块化处理，对不同尺寸的框架模块使用不同的运输工具，从而达到快运输、有分工的效果。

5.2.3　快装式钢结构电梯模块划分的评价

本节运用系统分级模块层次划分方法，将快装式钢结构电梯产品划分为需求、功能、结构三个层次，并按照功能分解原则对快装式钢结构电梯产品进行了各功能模块的划分，并且综合分析了各模块之间的安装与运输，主要是基于以下几点考虑：

① 钢结构电梯产品在设计开发时基本是以面向快速安装为主，所以按功能原则划分各功能模块作为快速安装单元符合实际情况。

② 一般快装式钢结构电梯产品在设计时按照市场需求、确定功能、详细结构设计三步骤来完成，所以按需求、功能、结构三层关系划分电梯产品模块在逻辑上具有合理性。

③ Suh 关于功能-结构映射的模块化设计方法为此提供了理论依据。

5.3　快装式钢结构电梯产品模块的编码

5.3.1　快装式钢结构电梯模块编码的目的与作用

进行快装式钢结构电梯产品的模块化设计，需要将产品进行合理的模块划分，建立模块库。由于电梯产品系列和模块的种类繁多，各个单元之间相互组合、替换的关系复杂，因此必须具有能够充分反映模块特征的语言描述，即首要建立模块编码系统。在整个计算机辅助模块化设计中，编码起着传递用户需求信息和进行产品功能描述的作用，是建立在用户和数据库之间的纽带和重要桥梁。因此，为了能够实现最后基于平台的产品配置，并为后续模块化销售、制造和管理打下基础，编码系统必须合理和科学，它直接关系到模块的选择、组合、管理和整个模块设计系统顺利运行。

模块编码的作用是将产品各个功能模块的从属关系、规格、属性参数等相关信息根据系统管理的需要加以有目的、有次序地组织，并予以定义、命名，确定其内容、范围、表示方法等，使每一个信息按其分类在体系中都有一适当的位置和相应的代码，以便在一定范围内建立共同认可和统一的语言、统一的标识，从而在挑选与组合时可以更加有效与快速。

5.3.2　快装式钢结构电梯模块编码的原则及编码

（1）模块编码的基本原则

为了便于进行计算机辅助管理和实现模块编码的自动生成，模块编码应遵循以下几个原则[11]。

唯一性：编码和预装总成模块对象必须是一一对应的，否则会在计算机管理过程中造成混乱。

完整性：模块编码应尽量完整地表达模块相关信息，为模块的选择、组合和后续制造提供管理服务。预装总成模块的信息主要包括预装配信息、配置信息、运输信息、现场安装信息等。

合理性：模块编码规则制定时在准确科学地描述模块对象信息的同时应遵循相关行业分类标准和产品划分标准，便于设计人员理解、识别和掌握。

简单便捷性：编码的编排要尽量规整，便于计算机进行管理，编码的码位在满足要求的前提下应尽量少，以节省存储空间。

通用性和开放性：编码不但应适应该行业现有产品的规格种类，而且要对今后的新产品开发和个性化定制设计提供发展空间。

（2）模块编码

电梯产品的模块化设计要求针对客户的需求，选择现有的模块进行组合来满足用户的功能需求，如果用户的部分需求得不到满足，可以通过设计新的模块或修改现有模块来予以满足。在这个过程中模块编码起着信息标识和传递的作用，因此，模块的编码结构必须充分反映产品模块的相关信息，既要有利于模块的分类，又要有利于计算机辅助系统的检索和处理。根据模块编码的基本原则与实际情况，我们将电梯产品的模块编码分为两种编码组成[16]，分别为模块标识码与模块接口码，如图 5-8 所示。

图 5-8　编码结构图

① 模块标识码　模块标识码是对每一个具体的模块来进行编码，它是每一个模块在产品开发、工艺（含预安装工艺）、生产计划、现场安装销售供应等管理系统中的检索码。该编码作为计算机管理信息系统标识码，在管理环节中可以快速查找各类模块，并且可以快速参与模块组合，从而达到快速适应市场变化的需求。在对现有产品分析的基础上，认为适用电梯产品的模块标识码由设计信息码、工艺信息码和生产信息码、安装信息码组成。

模块标识码中四个信息码的具体内容如下。

设计信息码主要由零部件分类码和特征信息（参数）码组成，可以是产品的图号或者其它，主要用于反映零部件分类、隶属等关系。表 5-1 为快装式钢结构电梯的零部件分类编码规则，对其编码可以按照此规则再配合一些参数及流水号来完成。

表 5-1　快装式钢结构电梯的零部件分类编码规则

部件分类		组件分类		
		0	1	2
611	曳引系统	曳引机	曳引钢丝绳	导向轮
612	导向系统	导轨	导靴	导轨架
623	轿厢	轿厢架	轿厢体	

续表

部件分类		组件分类		
		0	1	2
655	重量平衡系统	对重装置		
...	...			

那么对某一部件的编码就可以用一串数字来表示，具体可以用如下格式：

工艺信息码是对该模块生产过程中所用工艺的编码。

生产信息码用于生产计划编制，反映生产过程中需要的一系列信息的编码，如自制、外协、材料供应等。

安装信息码用于车间预安装和现场安装，反映装配时间、吊装参数，用于运输和吊装计划编制。

② 模块接口码　接口码又可称为装配信息码，即表达各组件级模块的组成关系的编码，这里组件级模块只是车间预组装的模块，不是现场安装的总成模块，因此装配信息码不同于安装信息码，但可以将安装信息码与装配信息码并列，归属于接口码。零件级由产品结构树约束，无需此编码。

5.3.3　快装式钢结构电梯模块编码评价

对产品模块进行编码在模块化设计中是一项常用技术，并且模块的编码技术也已相当成熟，因为不同结构和特性的产品需要将其各自的特点体现在编码中，不同产品的编码最大差别是在其编码结构的选择上。本节在模块划分的基础上，对电梯产品模块的编码方法进行了研究讨论，并依据产品的结构特点尝试建立了电梯产品的编码结构和方法，这在技术上具有完全的可行性。

5.4　快装式钢结构电梯产品模块化设计系统设计

在对每个单独的模块进行编码以后，为了快速、有效地实现以尽量少的内部变化来达到各模块间尽量多的组合，从而提出了产品平台的概念。

5.4.1　产品平台

产品平台作为一个概念，并不是最近才出现的，早在 20 世纪初，福特汽车的 T 型汽车生产就已开始使用产品平台的概念。电梯行业中产品平台开发的模式虽无明确的界定，但很多企业在很早就开始了这方面的探索，从早期的蜗轮蜗杆驱动平台到现在的永磁同步驱动平台。

目前对平台和产品族最常用的定义来自 1993 年 Meyer 和 Utterback 的文章《产品族与核心能力》，他们认为产品平台是一组产品共享的设计与零部件集合，当时这个定义主要针对有形的物质产品。后来 Meyer 等[17] 又将平台定义拓展到软件产品和服务领域，提出产品平台是由产品一系列核心子系统及子系统之间的关系组成的一个公共架构，在此构架下可以有效地开发和生产有竞争优势的一系列产品。不难看出，产品平台定义的公共架构由于在更多产品中被分享，因此，可以降低制造成本和获得规模采购的经济优势。此外，同样重要的是，产品平台定义的这些公共结构与新结构的整合，可以大大加速组织响应新市场的机会。

Steven 等[18] 给出了被广泛认同的产品平台定义：一个产品平台是被开发来形成一个公共结构的一组子系统和接口，从中可以有效地开发和产生一组派生产品。一个产品族是从产品平台上产生的、享有共同技术并说明相关市场应用的一组个体产品[19]。从这个定义中可以看出，开发产品平台的目的就是利用一组产品之间功能和物理结构的通用性和相似性来降低产品的内部多样性。在提供产品外部多样性的同时减少设计量，降低生产线的复杂性，从而达到减少产品总成本和时间的目的。由此可见，为了满足大批量定制设计和生产要求，应能从公共平台上快速、有效地配置出一族高品质的产品[20]。产品平台并无固定模式，企业应根据实际情况，开发符合自身需求的产品平台。

5.4.2 快装式钢结构电梯产品平台设计思路

当前对于产品平台的设计方法主要分为两类：基于参数的产品族设计方法和基于模块的产品族设计方法[21]。基于参数的产品族设计受到产品结构和客户需求变化的限制，通常建立一个可升级的产品平台（即可按参数比例调整的平台），通过改变一个或多个参数来满足不同的市场需求。可升级性是从功能和制造的观点出发，提高一个通用产品平台和可调整的衍生产品的利用率，通常伸长或收缩平台的比例来得到一个或更多的比例变量，从而满足不同的市场需求。而基于模块化的产品族设计[22,23]，以产品结构的模块化和通用性为基础，通常建立产品族的通用产品平台，并在此基础上通过配置不同的产品功能模块满足不同的客户需求。

建立快装式钢结构电梯产品平台的目的就是要实现在平台的基础上用各模块间的组合形成以尽量少的内部多样化实现尽量多的外部多样化的目的。外部多样化的目的就是要向市场和顾客提供尽可能多的产品和服务，满足不同顾客的定制化需求。客户的个性化需求是不可控制的，不随企业的意愿而改变，所以对企业来说所能做的就是生产尽可能多的产品来满足市场，产品能覆盖越多的市场，就越有市场竞争力。而要满足外部需求的多样性，显然必须有相应的内部产品多样性来保证，但是快装式钢结构电梯企业在追求外部多样化的过程中，每开发一种新产品，都需要新的零部件、新的工装设备、新的工艺流程等，这显然是不切实际的，因为随着建筑变化的电梯规格千差万别，这样做只会导致企业效率低下、成本升高、周期变长，一切都变得复杂，最终导致外部多样化无法实现。

结合快装式钢结构电梯产业特性，仅靠前述平台设计方法中任意单一的方法是很难完美实现电梯产品的大规模定制需求的。因为当今建筑物的多样性是显而易见的，且由于快装式钢结构电梯产品随建筑物尺寸变化，使得产品无法与建筑物有一个很好的匹配性，所以仅靠模块化的产品平台显然只能提供客户多样化的功能模块的选择。同样的道理，仅参数驱动的产品平台所能设计出的产品族对建筑物有很好的匹配性，但在客户个性功能的选择方面是有缺陷的。所以对于快装式钢结构电梯产品建立电梯产品平台必须将两者进行有效的结合，以模块化为基础结合参数设计的模块，形成符合电梯行业特性的产品平台。

一个好的产品平台的建立必须要有一个合理的产品结构。如图 5-9 所示的产品结构模型，它把产品系统顶层的功能逻辑抽象成为模块，使具体的产品零部件设计依赖于抽象的模块层次。再用抽象的模块化层次将企业产品的底层逻辑——数量众多的零部件抽象成为可以重用的模块，再利用模块的排列组合形成企业丰富的富于创造性的满足用户特殊需求的产品配置，其中的三个层次都需要参数来驱动。

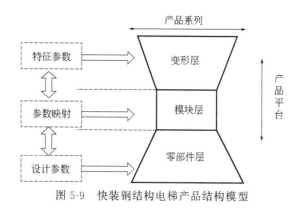

图 5-9　快装钢结构电梯产品结构模型

5.4.3　快装式钢结构电梯柔性产品平台

柔性产品平台（flexible product platform，FPP）是对产品结构使用参数化和模块化的设计方法得到的由一组产品所共享的通用模块的集合，是具有典型模块结构的参数化模型。它具有相同或相似的功能、设计思想、设计资源、结构拓扑关系和相对固定的接口特征形式。柔性产品平台与一般产品平台的不同之处主要在于它的结构和性能不是固定不变的，因为它包含柔性模块，是可以按一定的规律改变的，具有更多的灵活性，在实践中既满足客户的个性化要求，又可以保证产品的通用性和大规模生产。

利用参数化模块在构建快装式钢结构电梯产品平台时，特征参数对具体模块的映射可以采用以下六种关系来表述。

① 直接映射：特征参数与具体模块之间存在一一对应关系的映射，如图 5-10 所示。

图 5-10　直接映射

② 分散映射：一个特征参数映射为多个具体模块，这是一种 $1:N$ 的映射关系，如图 5-11 所示。

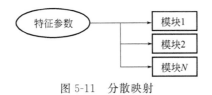

图 5-11　分散映射

③ 聚合映射：多个特征参数映射为一个具体模块，如图 5-12 所示。

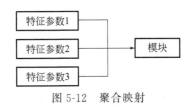

图 5-12　聚合映射

④ 共轭映射：特征映射中的共轭关系说明特征间的相互转化需经几何推理才能获得，这是一种较为复杂的 $M:N$ 的映射关系，如图 5-13 所示。

图 5-13　共轭映射

⑤ 间接映射：在一些具体的产品结构中具有固定的关联关系，当其中的某

些结构出现在映射结果中时，与其关联的结构作为附属也将一起出现。

⑥ 空映射：并不是所有的产品结构都与特征参数相关，那些无关的映射就称为空映射。

这里的特征参数用于构建数字化产品的特征参数，在此明确这些参数与模块的映射关系，并结合模块化的产品结构，以快装式钢结构电梯为例建立产品柔性平台（图 5-14）。

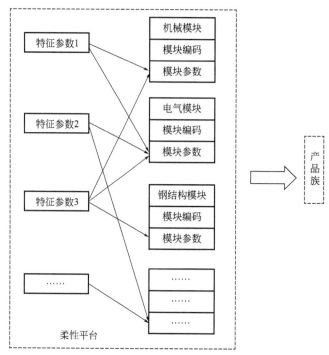

图 5-14　快装式钢结构电梯产品柔性平台

5.5　快装式钢结构电梯的产品族设计

5.5.1　产品族概念及与产品平台的关系

（1）产品族

产品族[25,26]是在产品平台的基础上建立的，产品平台是一组产品共享设计与零部件的集合，以此为基础可以衍生出一系列产品，而这些共享一个产品平台，但具有不同性能与特征，以满足不同细分市场需求的一系列产品就是产品族。产品族是通过共享通用技术并定位于相互关联市场应用的一组产品。产品族中的单个产品为产品变量。产品族中所有的产品变量具有相似性，它们共享相同的结构和产品技术。一个产品族对应一个市场区段，而产品族中的产品变量是为了满足这个市场区段中一部分消费者对产品的特殊需要。

产品族的概念可以从不同的角度来理解，从市场营销的角度来看产品族就是企业产品的功能结构，可以描述成不同消费群体对企业产品多样化的功能需求。从工程的角度来看，产品族是一系列产品和技术的总和，因此产品族可以描述为一些参数、部件和装配结构的合成。

产品族的进化与更新也是以产品平台为基础的，产品族的每一代都是以平台为基础派生出的满足不同市场的特定产品。先进设计方法和新技术的出现，成本的降低和产品特征的增加或减少都可以导致新产品的产生。产品族的几代产品可以从现有产品出发，扩展到不同的市场或使旧产品获得新生。一个优秀的产品族，其定制程度很高，可以为客户提供多种选择方案。

产品族设计方法已被深入地研究并发展得较为成熟，例如基于产品相似性或通用性的聚类方法，利用几何相似性通过聚类得到的产品族，可以减少产品族中产品的可变性，并使相关装配系统柔性化最小。大规模定制相似性设计方法则是基于产品拓扑或制造和装配的相似性，将一组相似的产品归为一个产品族中，然后根据功能需求进行组合，实现产品族结构的优化。还有一种方法则是以核心产品为中心，核心产品可以是产品平台等，对其相关的通用产品进行相似性分析和聚类分析，最终得到的产品族是由与核心产品拥有相同的共享特征和一组产品变量组成的。在产品平台和产品族的背景下，大量研究着重于模块化的应用，即通过模块的添加或减少实现产品平台的更新[20]。

（2）产品族与产品平台的关系

产品族的发展是以产品平台为基础的，一个产品平台可以衍生出一个或者多个产品族，在一个产品平台上发展的产品族之间具有很强的相似性，但是它们并不是完全相同的，它们是以小的差距来满足不同细分市场的产品系列。这些小的差异可以是使用不同的材料、构件或拥有不同的技术含量等。

在发展产品族的同时，产品平台也在不断发展，即两者是相辅相成的关系。产品平台可以根据市场的需要进行扩展和新建，这种市场需要可以是企业根据市场战略需要开辟的新市场或需要满足的新要求。不论产品平台是扩展还是新建，都会有新的产品平台出现，而在这些新的产品平台之上，亦会发展出新的产品族来满足市场需求。这样，企业就拥有了一个产品开发和管理的体系结构，在这样的模式下，产品的开发和管理就变得更加容易[21]。

5.5.2　快装式钢结构电梯产品族建立与配置方法

（1）建立方法

基于平台的产品族设计理念可以分成两个主要部分：①公共平台的开发；

②产品配置，指利用已有的平台来产生产品多样性，即为一组相似产品开发公共平台，然后确定可由平台支持的产品族成员配置。

快装式钢结构电梯产品族设计流程如图 5-15 所示。由图可知，产品族设计是从获取客户的需求开始的。任何一位客户在一定程度上都是相互独立的，他们因受不同因素的影响而存在着需求的差异性。但针对某一具体的产品市场，需求相似的群体可以构成"成组群体"，并以这些群体构成细分市场。同一个细分市场具有对产品相似的客户需求，不同细分市场对产品有着不同的差异性需求。同一细分市场的顾客群体需求是该细分市场内顾客个体需求的集合，把这些个体需求中相同部分称为共性需求，而把不同部分称为个性需求。那么，共性需求的组合是一种不变的需求，而所有个性需求的组合则是一种变动的需求。

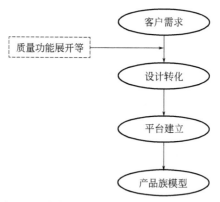

图 5-15　快装式钢结构电梯产品族设计流程

在柔性平台的基础上，利用产品配置和变型设计方法，持续地配置出满足顾客不同需求的多样化、定制化的最终产品，衍生出基于产品平台的一系列电梯产品，即形成电梯产品族。结合山东富士制御电梯有限公司的快装式钢结构电梯产品，在柔性平台的基础上衍生出相应的产品族，如图 5-16 所示。

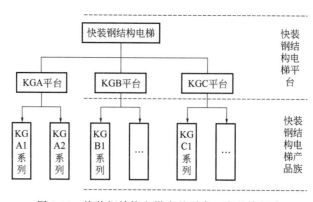

图 5-16　快装钢结构电梯产品平台、产品族划分

（2）配置方法

基于此电梯柔性产品平台的配置设计一般如下：

首先由用户输入个性需求，在接收到用户的产品设计需求后，通过处理和转换，将用户的需求参数转化为模块的配置参数，并将其映射到相应的数字化模块。

然后依据柔性平台模块和个性化模块的参数配置规则进行配置，配置设计规则根据配置设计任务进行求解，这些配置规则包括柔性产品平台参数配置规则和个性化模块参数配置规则。

而后依据个性化模块的参数配置规则在平台的基础上确定所有个性化模块，从产品的个性化模块实例库中提取满足约束的模块。

最后得到一个产品配置表。

5.6 本章小结

本章首先分析了用于既有建筑加装的快装钢结构电梯的特点，给出了快装式钢结构电梯模块化的关键问题、基本思想，然后再根据模块化的划分方法，基于对快装式钢结构电梯的结构分析，在电梯钢结构模块化设计的基础上，对钢结构电梯产品进行了功能模块划分，然后对模块进行了编码分析和柔性产品平台设计分析，最后提出了快装钢结构电梯产品族的建立方法、配置方法。钢结构电梯产品模块化设计的重心在预装总成模块的划分——钢结构模块与电梯机电系统零部件的配置。本章为产品敏捷制造的核心与目标——快速安装提出了切实可行的高效的整体解决方案，为目前既有建筑加装的钢结构电梯工程提供了理论指导和方案借鉴，以提升产品质量、更好地满足民生需求。

参 考 文 献

[1] 朱瑞博. 模块化、组织柔性与虚拟再整合产业组织体系 [J]. 产业经济评论，2004，3（02）：119-133.

[2] 汪涛，徐建平. 模块化的产品创新：基于价值创造网络的思考 [J]. 科研管理，2005（05）：11-18.

[3] Baldwin C Y, Clark K B. Managing in an age of modularity [J]. Harvard business review, 1997, 75 (5).

[4] 青木昌彦，安藤晴彦. 模块时代：新产业结构的本质 [M]. 上海：远东出版社，2003.

[5] Guido Buenstorf. Sequential production, modularity and technological change [J]. Structural Change and Economic Dynamics, 2004, 16 (2): 221-241.

[6] Pahl G, Beitz W. Engineering design a systematic approach [M]. London: Springer-Verlag, 1996.

[7] Erixon G, Yxkull V A, Arnstrom A. Modularity-the basis for product and factory reengineering [J]. CIRP Annals-Manufacturing Technology, 1996, 45 (1): 1-4.

[8] Gu P, Sosale S. Product modularization for life cycle engineering [J]. Robotics and Computer Integrated

manufacturing，1999，15（5）：387-401.

[9] Stone R B，Wood K L，Crawford R H. Using quantitative functional models to develop product architecture [J]. Design Studies，2000，21（3）：239-260.

[10] Tsai Y T，Wang K S. The development of modular based design in considering technology complexity [J]. European Journal of Operation Research，1999，119（3）：692-703.

[11] O'Grady P，Liang W Y. An Internet-based search formalism for design with modules [J]. Computers & Industrial Engineering，1998，35（1-2）：13-16.

[12] Hillstrom F. Applying axiomatic design to interface analysis in modular product development [C]. ASME Design Engineering Division，1994.

[13] 童时中. 模块化原理设计方法及应用 [M]. 北京：中国标准出版社，2000.

[14] 高卫国，徐燕申，陈永亮，等. 广义模块化设计原理及方法 [J]. 机械工程学报，2007（06）：48-54.

[15] 杜陶钧，黄鸿. 模块化设计中模块划分的分级、层次特性的讨论 [J]. 机电产品开发与创新，2003（02）：50-53.

[16] 李斌，史明华，肖放. 基于模块化设计的纺机产品编码系统的研究 [J]. 组合机床与自动加工技术，2004（11）：14-16.

[17] Meyer H，Seliger R. Product Platform in Software Development [J]. Sloan Management Review，1998（3）：61-74.

[18] Steven C W，Kim B C. Creating Project Plans to Focus Product Development [J]. Harvard Business Review，1992，70（2）：67-83.

[19] 秦红斌，肖人彬，钟毅芳，等. 面向大批量定制的公共产品平台研究 [J]. 中国机械工程，2004，15（3）：230-235.

[20] 赵海贤. 基于产品平台的产品配置方法研究 [D]. 天津：河北工业大学，2006.

[21] 刘芳. 面向大规模定制的产品平台设计理论研究及其软件实现 [D]. 天津：河北工业大学，2005.

[22] 吴超. 电梯产品研发项目模块化设计方法研究 [J]. 项目管理技术，2008（S1）：263-265.

[23] 王鹏. 模块化电梯设计 [J]. 科技创新与应用，2016（34）：55.

[24] 顾新建，杨青海，纪杨建，等. 机电产品模块化设计方法和案例 [M]. 北京：机械工业出版社，2014.

[25] 周小军. 弧齿锥齿轮数控加工机床产品族的计算机辅助模块化设计研究 [D]. 天津：天津大学，2010.

[26] 潘高星. 数控立式磨床产品族可适应模块化设计与应用 [D]. 天津：天津大学，2016.

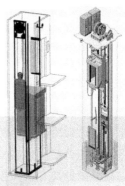

第6章 钢结构电梯与既有建筑环境匹配技术

以实现钢结构电梯与既有建筑的良好匹配为目标，基于后锚固连接技术对膨胀螺栓连接和化学锚栓连接的计算分析方法展开研究，提出了膨胀螺栓连接的防松方法；对膨胀螺栓和化学锚栓的实用性能进行对比分析，保障了井道与墙体间连接的可靠性。考虑到既有建筑房屋结构不同、住户方式不同，提出了两种入户方式与五种连接方式的随机组合形式，使得原本相互独立的两结构有机融为一体。最后，对既有建筑加装的新电梯的基础沉降原因进行分析，提出了防沉降的方法与方案，并结合防沉降原理创新设计了钢筋混凝土整体式底坑。本章的研究为钢结构电梯与既有建筑的良好匹配提供了理论依据，并提供了多种切实可行的工程方案。

6.1 电梯与建筑环境匹配技术分析

目前，我国加装电梯的既有建筑层数在二层到九层，五层、六层居多，少数地区最多见到九层。楼房建筑结构几乎全部为砖混结构或钢筋混凝土结构，两者的比例随建造时间和地区不同有所变化，建造时间越晚，钢筋混凝土结构占比越大，砖混结构占比越小；城市相对农村（乡镇）地区钢筋混凝土结构建筑占比较大。考虑到当前楼房建筑结构的占比，既有建筑加装电梯时通常采用钢结构框架电梯[1]。

钢结构电梯与既有建筑要素匹配的目标是电梯和既有建筑融合为一体，保证电梯的性能得以很好地发挥，同时寿命与可靠性与建筑相匹配。目前，混凝土结构加固的方法有：粘贴纤维增强塑料法、绕丝法、锚栓锚固法等，其中锚固法适用于混凝土强度等级为C20～C60的混凝土承重结构的改造、加固中[2]，因此锚固方法更适用于既有建筑加装电梯的场合。锚固是通过预埋在混凝土中的钢筋与混凝土间形成可靠的连接作用，实现混凝土对钢筋有效的握裹力。后锚固技术是在锚固基础上发展起来的，与锚固施工方法的区别在于钢筋的锚固是在混凝土已经浇筑完成的情况下进行，能避免施工过程中出现移位和尺寸的误差等问题。锚栓作为后锚固组件的总称，根据锚栓的工作原理及构造的不同可分为机械锚栓、化学锚栓和植筋。机械锚栓中的膨胀锚栓能较好解决移位和不存在老化问题的优点；化学锚栓具有抗拉强度高、适用于重型安装固定，能做到精准定位，并与结构体完全连接，适用于电梯基座固定等场合；然而植筋连接不适用于承受疲劳荷载的锚固连接场合。综合来看，膨胀螺栓和化学锚栓更适用于既有建筑加装电梯的场合。本章第二节基于后锚固连接技术的分析，考虑到电梯井道或走廊与墙体之间的螺栓连接和化学锚栓连接，建立了膨胀螺栓连接方式和化学锚栓连接方式的计算分析方法。基于对顶螺母以及弹簧垫片的防松原理，提出了多种膨胀螺栓防松的改进方法，提高了井道或走廊与墙体间膨胀螺栓连接的可靠性。

有机化学锚栓与膨胀锚栓作为后锚固连接技术中的重要连接件，在电梯与既有建筑的匹配过程中发挥着重要的作用。本章第三节对有机化学锚栓和膨胀螺栓的实用性能进行对比分析，从锚固原理、性能、应用场合、局限性四个方面总结概括了两者的区别。分析表明：化学锚栓和膨胀螺栓均能用于电梯平台与建筑物的匹配，但在正常条件下的有机化学锚栓力学性能要强于膨胀螺栓。因此，综合考虑两者各项性能，在不需要焊接的情况下优先选用有机化学锚栓。

钢结构电梯与既有建筑一般采用走廊平台连接，电梯井道通过走廊平台连通楼梯间。目前，既有建筑房屋结构不同、住户方式不同，为了满足不同用户的需求，要求每台电梯设计不同结构形式的走廊平台。考虑到不同的安装环境限制和用户需求，本章第四节提出了两种入户方式和五种连接方式的多形式组合，以满足居民在建筑内的各种活动需求并为居民进出建筑物提供必要条件。

既有建筑加装电梯时存在基础沉降问题，主要由于地基具有一定的压缩性，当建筑物的上部结构形式、荷载变化、地基自身承载能力等因素发生变化时，会导致不均匀沉降[3]。因此，既有建筑加装钢结构电梯时应保证加装电梯的过程中再沉降的量微乎其微，控制地基沉降量与既有建筑相等同。鉴于此，本章第五节针对加装电梯时地基存在的不均匀沉降现象，综合分析了地基、新建井道不均匀沉降的原因及采取的防控措施，并结合钢筋混凝土底坑案例说明如何在电梯快装的过程中实现防沉降，这一防沉降技术有力促进了电梯快装的进程。

6.2　后锚固技术分析

6.2.1　后锚固连接技术

既有建筑加装钢结构电梯时，需要在既有多层建筑的基础上使用一些方法将电梯中各个结构、构件、设备等连接到建筑主体或者建筑上来，这时所采用的方法称为后锚固技术[4]。后锚固是通过相关技术手段在既有混凝土结构上的锚固，是相对于浇筑混凝土时预先埋设的先锚固（预埋）而命名的，具有施工简便、使用灵活等优点。

后锚固可大致分为两类：锚栓锚固和植筋。锚固使用的材料是锚栓，锚栓具有以下优点：

① 有极高的承载能力，抗疲劳，抗震动，安全可靠；

② 膨胀应力小，适用于小边距、小间距的安装固定；

③ 锚栓上有明显的安装刻度，安装方便。

(1) 常见锚栓的种类

锚栓是一切后锚固组件的总称，是将被连接件锚固到混凝土等基层材料上的锚固组件。后锚固按锚栓的工作原理可分为以下三类：

① 化学锚栓 优点是不容易发生位移，由于内部黏合物是有机化学物，所以存在老化和对温度较为敏感的问题。

② 机械锚栓 分为摩擦型和切扩型，优点是安全可靠，价格适中，使用方便，能较好解决位移的问题，且不存在老化问题，是目前安全性和耐用性比较好的锚固产品。

③ 植筋 它是广泛应用的一种后锚固连接技术，是以化学胶黏剂即锚固胶将带肋钢筋及螺杆胶结固定于混凝土基材钻孔中，通过粘接与锁键作用，以实现对被连接件锚固的一种组件。化学植筋与粘接型锚栓的作用机理相似，但化学植筋长度不受限制，与预埋钢筋的先锚固方式相似，且破坏形态易于控制。

(2) 锚栓选用方法

锚栓的选用除考虑锚栓本身性能差异外，尚应考虑基材性状、锚固连接的受力性质（拉、压、中心受剪、边缘受剪）、被连接结构类型（结构构件、非结构构件）、有无抗震设防要求等因素的综合影响。

① 除化学植筋外，现有各种机械定型锚栓绝大多数主要应用于非结构构件的后锚固连接，少数应用于受压、中心受剪、压剪组合的结构构件的后锚固连接，不得用于受拉、边缘受剪、拉剪复合受力的结构构件及生命线工程非结构构件的后锚固连接。

② 满足锚固深度要求的化学植筋及螺杆，可应用于抗震设防烈度不大于 8 度的受拉、边缘受剪、拉剪复合受力的结构构件及非结构构件的后锚固连接。

(3) 后锚固连接破坏形式与设计基本原则

锚固的破坏形式总体上可分为锚栓或植筋钢材破坏、基材破坏、锚栓或混凝土拔出破坏三大类。

破坏类型与锚栓品种、锚固参数、基材性能及作用力性质等因素有关，其中锚栓品种及锚固参数是最直接的影响因素。后锚固连接设计，应根据被连接结构类型、锚固连接受力性质及锚栓类型的不同，对其破坏形态加以控制。

(4) 后锚固连接施工要求[5]

① 混凝土基材　锚栓安装时，锚固区基材应符合下列要求：

a. 基材混凝土强度等级不应低于 C20，基材的厚度应小于 100mm；

b. 混凝土强度应满足设计要求，否则应由设计单位修订锚固参数；

c. 混凝土基材表面应坚实、平整，不应有起砂、起壳、蜂窝、麻面、油污等影响锚固承载力的现象；

d. 风化混凝土、严重裂损混凝土、不密实混凝土、结构抹灰层、装饰层等，均不得作为锚固基材。

② 锚固胶　锚固胶按使用形态的不同分为管装式、机械注入式。具体工程应根据使用对象的特征和现场条件合理选用。

化学植筋锚固性能主要取决于锚固胶（又称胶黏剂、黏结剂）和施工方法，我国目前使用较广的锚固胶是环氧基锚固胶，其它品种的锚固胶主要是无机锚固胶和进口胶，其性能应由厂家通过专门的试验确定和国家认证（鉴于当前锚固胶材料市场现状及检测条件的制约，用于结构构件的锚固胶，现场至少应保证材料具备产品质保书和性能指标型式检验报告）。锚固胶现场使用时，除说明书规定可以掺入定量的掺和剂（填料）外，施工中不宜随意增添掺料。

锚固胶进场验收应提供包括主要组成、生产日期、产品标准号的产品质保书及性能指标型式检验报告等内容的质量证明文件。锚固胶类别、规格应符合设计和相关标准要求。

③ 锚栓　锚栓的类别、规格应符合设计和相关标准。锚栓进场验收应包括钢号、尺寸规格、力学性能指标型式检验报告等内容的质量证明文件及锚栓使用说明书。

(5) 后锚固连接质量检查及验收要求

① 质量检查　混凝土结构后锚固工程质量应根据 JGJ 145—2013《混凝土结构后锚固技术规程》附录 A 要求进行抗拔承载力的现场检验。锚栓抗拔承载力现场检验可分为非破坏性检验和破坏性检验。

破坏性检验：重要结构构件（包括幕墙受力骨架）及生命线工程非结构构件应采用，检测时尽量选择受力较小的次要连接部位。

非破坏性检验：一般结构及非结构构件采用，如墙体拉结筋、构造柱植筋等。

a. 后锚固承载力设计标准值及现场检测拉拔力的确定。对于一般结构及非结构构件经设计同意后，其锚固承载力可采用非破坏性检验。

当设计明确承载力设计值或经计算明确锚固承载力标准值时（相关资料要求

同破坏性检验），其非破坏性试验荷载检测值应取 $0.9f_y A_s$ 和 $0.8N_{Rk,c}$，计算之较小值（其中：f_y 为钢筋强度设计值，A_s 为钢筋截面面积，$N_{Rk,c}$ 为非钢材破坏承载力标准值，其取值可按照 JGJ 145—2004 第 6.1 节规定计算）。

当设计单位对植筋抗拔力无具体要求时，可以直接按照 $0.9f_y A_s$ 确定荷载检测拉拔力。

b. 检验合格判定。非破坏性检验荷载下，以混凝土基材无裂缝且锚栓或植筋无滑移等宏观裂损现象，且 2min 持荷载期间荷载降低不大于 5% 时为合格。当非破坏性检验为不合格时，应另抽取不少于 3 个锚栓做破坏性检验判断。

② 验收要求

a. 后锚固承载力现场检测参照数据为锚固承载力标准值而非承载力设计值。根据 JGJ 145—2004 中式 (4.2.4-3)，$R=R_K/\gamma_R$，即 $R_K=\gamma_R\times R$（R 为后锚固承载力设计值；R_K 为 JGJ145—2004 表 4.2.6 内容，根据后锚固控制破坏形式的不同，对于结构构件该系数一般为 2.5 或 3.0，对于非结构构件该系数一般为 1.8 或 2.15；γ_R 为锚固承载力分项系数），作为锚固承载力分项系数 γ_R 的选取参照。

b. 检测时植筋龄期应大于化学植筋胶固化时间（时间详见植筋胶说明书）。

c. 目前大部分品牌的化学植筋胶说明书上都有厂家提供的推荐结合力特征值，该值作为检测拉拔力且其结合力特征值小于钢筋设计强度时，应得到设计单位的认可。

工程中，对涉及后锚固技术的质量控制资料应至少满足以下资料的齐全完整：

a. 设计施工图纸及相关设计变更文件；

b. 锚栓、锚杆、锚固胶的质量证明文件；

c. 锚固安装工程施工记录。

6.2.2　后锚固连接方法分析

(1) 膨胀螺栓和化学螺栓连接的计算方法分析

① 膨胀螺栓的强度计算

a. 承受横向荷载的强度计算　既有建筑加装电梯时，膨胀螺栓主要承受横向荷载，如图 6-1 所示。因此本节主要考虑其剪切强度和挤压强度。

剪切强度条件：

$$\tau=4F_h/\pi d_e^2\leqslant[\tau] \tag{6-1}$$

$$d_e\geqslant 2\sqrt{F_h/\pi[\tau]} \tag{6-2}$$

螺栓杆与孔壁的挤压强度条件：

$$\sigma_p=F_h/d_e h\leqslant[\sigma]_p \tag{6-3}$$

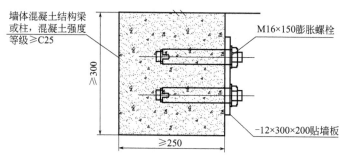

图 6-1 钢结构井道或走廊与墙体间的膨胀螺栓连接

$$d_e \geqslant \sqrt{F_h / h [\sigma]_p} \tag{6-4}$$

式中 d_e——螺栓受剪面直径；

      F_h——螺栓受到的力；

      h——计算对象的挤压高度；

     $[\tau]$——螺栓的许用剪应力；

   $[\sigma]_p$——计算对象的许用挤压应力。

由式(6-2)和式(6-4)，可计算出螺栓杆的理论尺寸，然后取两者中的大者，并向大圆整，即可确定膨胀螺栓的尺寸。

b.承受轴向荷载的强度计算   膨胀螺栓承受轴向荷载的强度计算，目前还没成熟的理论公式，因为它不是靠预紧力来平衡轴向力，而主要是靠膨胀套和墙体间的摩擦力来平衡轴向力的。另外，既有建筑加装电梯时膨胀螺栓主要荷载是横向荷载，轴向荷载很小，通常使用的膨胀螺栓为 M12×100，在混凝土墙体内膨胀后，能承受 40kN 左右的轴向力。因此，一般情况下，膨胀螺栓的轴向强度足够。在特别重要的场合可以做膨胀螺栓现场拉拔实验以校验之。

② 化学锚栓的强度计算   钢结构井道或走廊与墙体间的化学锚栓连接，如图 6-2 所示，采用 PKPM 软件进行力学计算，在荷载设计值作用下得到支座处受力情况。由化学锚栓承受主结构传递的轴力、剪力和弯矩的共同作用，分别根据受力情况求出化学锚栓所受轴力、剪力和弯矩。

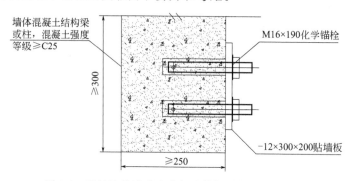

图 6-2 钢结构井道或走廊与墙体间的化学锚栓连接

　　求出钢结构井道与墙体间连接用的 M16 化学锚栓的设计拉力、设计剪力。在轴心拉力作用下，群锚各锚栓所承受的拉力设计值。

　　在轴心拉力和弯矩共同作用下（如图 6-3 所示）进行弹性分析时，受力最大锚栓的拉力设计值应按下列规定计算：

当 $N/n - My_1/\sum y_i^2 \geqslant 0$ 时：$N_{sd}^h = N/n + My_1/\sum y_i^2$

当 $N/n - My_1/\sum y_i^2 < 0$ 时：$N_{sd}^h = (NL + M)y_1'/\sum y_i'^2$

式中　M——弯矩设计值；

　　　N_{sd}^h——群锚中受拉力最大锚栓的拉力设计值；

　　y_1，y_i——锚栓 1 及锚栓 i 至群锚形心轴的垂直距离；

　　y_1'，y_i'——锚栓 1 及锚栓 i 至受压一侧最外排锚栓的垂直距离；

　　　L——轴力 N 作用点至受压一侧最外排锚栓的垂直距离。

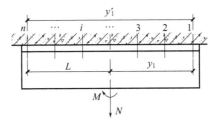

图 6-3　锚栓群中承受拉力最大锚栓的拉力计算

　　③ 膨胀螺栓和化学锚栓混合使用时的计算　当化学锚栓和膨胀螺栓对角混用受拉或受弯破坏时，应取两者中抗拔承载力较小的值作为两种锚栓共同的承载力。一般同直径的化学锚栓的抗拉承载力大于膨胀锚栓的抗拉承载力，由于膨胀锚栓的破坏形式为脆性破坏，没有塑性发展，所以轴力产生的拉力和弯矩产生的拉力并不是按照它们的承载能力来分配的，这样导致膨胀锚栓先受拉破坏而化学锚栓还有较大的余地。当化学锚栓和膨胀锚栓共同受剪时，破坏时有塑性发展，可以各自取各自的抗剪承载力；如果主要是抗剪的后埋件，可以采用同型号的化学锚栓和膨胀螺栓。

　　综上所述，当受拉或受弯的化学锚栓和膨胀锚栓混用时其计算问题本质上可归纳为只用一种锚栓的计算问题，即主要承受剪力的锚栓应考虑各自的承载力之和。以下为几种后置锚栓的计算方法：

　　a.采用锚栓厂家提供的计算程序；

　　b.直接采用弹性理论列平衡方程计算；

　　c.采用规范预埋件公式计算，把需要的锚筋直径求出，然后根据锚筋的抗拔力再对应某种型号的后置螺栓。

　　但是规范公式中考虑了一定的安全系数在内，导致计算结果会保守一些。

（2）膨胀螺栓连接的结构式防松方法分析

根据快装式钢结构电梯钢结构井道的自身工况，对顶螺母和弹簧垫圈结合使用时，螺栓连接中的弹簧垫圈不但不会起到自身防松效果，还会减弱对顶螺母防松效果，使连接松动。针对上述问题，本小节介绍 3 种典型的结构式防松技术。

① 唐式螺纹防松　唐氏螺纹紧固件防松方法和原理示意图如图 6-4 所示，螺栓包含两个方向上的螺纹，在连接时，使用左旋和右旋两个不同旋向的螺母，先将工作台上的紧固螺母预紧，然后再将锁紧螺母预紧。在振动、冲击的情况下，紧固螺母会有松动的趋势，但是，由于紧固螺母的松退方向是锁紧螺母的拧紧方向，锁紧螺母的拧紧恰恰阻止了紧固螺母的松退，使得紧固螺母无法松动。

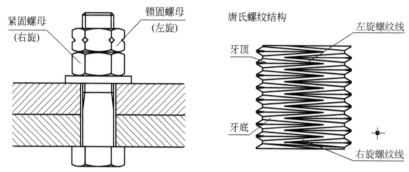

图 6-4　唐氏螺纹紧固件防松方法和原理示意图

② TOP-LOCK 防松垫圈　TOP-LOCK 防松垫圈由两片完全相同的垫片组成，每片的外侧都带有放射状的凸纹面，内侧为斜齿面，如图 6-5 所示。TOP-LOCK 防松垫圈的楔入式结构改变了传统依靠摩擦力的防松方式，利用张力来防止连接件在强振动时引起的松动。

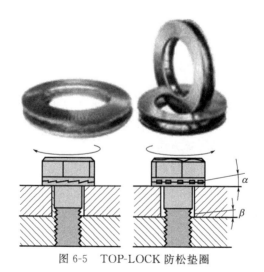

图 6-5　TOP-LOCK 防松垫圈

③ 施必牢螺纹 在阴螺纹的牙底处有一个 30° 的楔形斜面，当螺栓螺母相互拧紧时，螺栓的牙尖就紧紧地顶在施必牢螺纹的楔形斜面上，从而产生了很大的锁紧力（如图 6-6 所示）。由于牙形的角度改变，使施加在螺纹间接触所产生的法向力与螺栓轴成 60° 角，而不是像普通螺纹那样的 30° 角。显然施必牢螺纹法向压力远远大于扣紧压力，因此，所产生的防松摩擦力也就必然大大增加了。

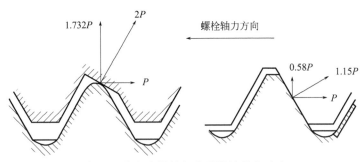

图 6-6 施必牢螺纹与普通螺纹受力对比

上述三种结构防松技术方法，为钢结构井道与墙体的螺栓连接的防松方法提供了更多选择。

6.3 有机化学锚栓与膨胀螺栓实用对比分析

6.3.1 锚固原理

膨胀螺栓上包一个圈筒，这个圈筒上是有缝隙的，用时在墙上打一个洞，把膨胀螺栓放到这个洞里，在拧紧螺栓时圈筒被挤压撑开。这样使螺栓卡在洞里，起到固定的作用。因此膨胀螺栓是利用楔形斜度来促使膨胀产生摩擦握裹力以达到固定效果。

化学锚栓的锚固原理是根据工程要求，在混凝土中的相应位置打孔，然后用专用气筒、毛刷或压缩空气机清理钻孔中的灰尘，将化学药瓶放入到钻好的孔中，最后再把螺杆旋入孔中将内部的药剂捣碎，使其膨胀进而填充整个孔洞，让药剂、锚栓和基材全部混合在一起成为一个整体，达到锚固的效果[6]。化学锚栓的工作原理如图 6-7 所示。

6.3.2 性能对比分析

① 膨胀螺栓材料主要有碳素钢、合金钢、不锈钢或高抗腐蚀不锈钢，其中碳钢螺栓的等级分为 3.6、4.6、4.8、5.6、6.8、8.8、9.8、10.9、12.9 等多个

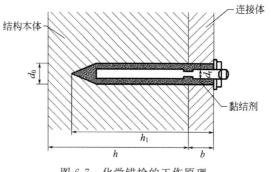

图 6-7 化学锚栓的工作原理

等级，不锈钢螺栓的等级分为 45、50、60、70、80，膨胀螺栓造价低廉，施工方便，适用范围广。

膨胀螺栓受力性能如表 6-1 所示[7]，表列数据系按铺固基体为标号大于 150 号的混凝土。

表 6-1 膨胀螺栓受力性能

螺纹规格 /mm		钻孔尺寸		受力性能	
		直径 /mm	深度 /mm	允许拉力 /N	允许剪力 /N
M6	65,75,85	10.5	40	2350	1770
M8	80,90,100	12.5	50	4310	3240
M10	95,110,125,130	14.5	60	6860	5100
M12	110,130,150,200	19	75	10100	7260
M16	150,175,200, 220,250,300	23	100	19200	14120

膨胀螺栓抗震性能较差，有研究表明[8]：在静力荷载作用下破坏状态为混凝土破坏，在动力荷载作用下破坏状态变成穿出破坏，且锚固承载力降低了16%，M12 膨胀型锚栓混凝土破坏承载力及位移如图 6-8 所示，图中承载力为多

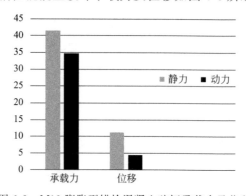

图 6-8 M12 膨胀型锚栓混凝土破坏承载力及位移

次试验承载力均值，位移为多次试验位移均值。

② 化学锚栓由螺杆、有机化学胶管和垫圈及螺母组成，其中有机化学胶管含有改良性环氧树脂类或改性乙烯基酯类材料、硬化剂、石英砂，化学锚栓的螺杆材质和性能等级与膨胀螺栓相同。

有机化学锚栓抗震性能也较差，有研究表明[8]：在受到拉力时的破坏状态多样，为钢材破坏及混合破坏，在动力荷载作用下发生混合破坏时的锚固承载力降低幅度为 43％，如图 6-9 所示为 M12 化学锚栓混合破坏承载力及位移，图中承载力为多次试验承载力均值，位移为多次试验位移均值。

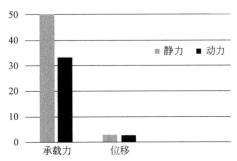

图 6-9 M12 化学锚栓混合破坏承载力及位移

③ 有机化学锚栓耐热性差，虽然锚固材料如环氧树脂类或氨基甲酸酯类锚固材料各项指标均较理想，也具有较高的早期强度，但有机高分子结构中的碳碳键、醚键的键能较小，高温下易降解，决定了其耐热性相对较差，不能满足建筑物防火规定，如图 6-10 所示为（有机）化学锚栓抗拔承载力随温度变化曲线，从图 6-10 中可以看出，随温度上升，化学锚栓抗拔承载力大幅度下降[9]。

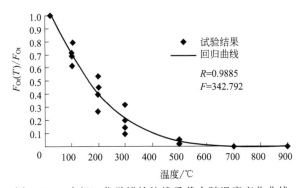

图 6-10 （有机）化学锚栓抗拔承载力随温度变化曲线

方煜、刘祖华等[10] 在"化学锚栓裂缝反复开合试验研究"中指出：在混凝土基材裂缝反复开合时，化学锚栓的位移变化量很小。可见其在开裂混凝土上也完全使用，而膨胀螺栓是不能用于开裂混凝土的。此外化学锚栓有很高的抗弯、抗剪切能力，最适合用在结构受力连接上，既不用担心它产生侧应力，也不会发生松弛，更不会使水汽自孔口渗入，而且玻璃管粉碎后可以充当细骨料，粘接充分，是一种比较理想的螺栓。实践证明，其应用可以起到较好的锚固作用。

6.3.3 局限性

① 膨胀螺栓作为混凝土结构后锚固连接件在过去应用比较广泛，有很多优点，但也存在着很多缺点，膨胀螺栓主要有四点缺陷[11]：

a. 钻孔破坏了混凝土保护层，使水汽沿螺栓进入混凝土内部；若孔紧贴着结构钢筋，水汽和大气中的污染物质将很轻易地进入结构混凝土内部，逐步锈蚀钢筋。

b. 膨胀螺栓在靠扭矩旋紧后会对混凝土产生侧向压力，此压力极易对结构混凝土造成破坏，尤其是在柱角、墙垛等处，因此应保持安全距离，避免不应有的损失。

c. 膨胀螺栓在使用中恰如给钢筋施加预应力的过程，时间长了会产生松弛，对螺栓的正常工作会产生影响，因此，在承受疲劳及有冲击作用的场合不应采用。玻璃幕墙施工规范说明中早就指出："膨胀螺栓是后置连接件，工作可靠性较差，只作不得已时的补救措施，不作为连接的常规手段。"

d. 膨胀螺栓会在混凝土中产生应力集中，从而使得破坏概率大大增加，结构不安全，现在基本上已经在幕墙等设计中被禁止。

此外，GB 50367—2013《混凝土结构加固设计规范》第16.1.4指出："在抗震设防区的结构中，以及直接承受动力荷载的构件中，不得使用膨胀锚栓作为承重结构的连接件。"

② 化学锚栓应用中也存在较多不足，且部分性能弱点是由基体材料性能决定的，在短期内难以解决或经济代价过大。具体表现有[12]：

a. 锚固材料的性能与被锚固混凝土结构材料的性能不适应、不协调。锚固材料不但要求具有比被锚固混凝土结构更好的力学性能，而且要求具有与被修补材料接近的弹性模量和线胀系数。由于混凝土的弹性模量约为 $(2\sim4)\times10^4\,MPa$，而锚固材料弹性模量约为 $(2\sim3)\times10^3\,MPa$，两者弹性模量不在同一数量级上，易导致该锚固材料固化后在应力作用下的变形以及环境变化所引起的温、湿度变形与被锚固基体——混凝土材料的相应性能变化不协调，容易造成有机质锚固材料与混凝土界面黏结强度减弱甚至脱粘，成为锚固结构不稳定的隐患，这类事件在实际锚固工程中常有发生。

b. 锚固材料存在耐久性不良的问题。这是因为，钢筋混凝土结构中以硅酸盐水泥为主要组分的水泥石和混凝土硬化体中的液相呈高碱性，pH 值一般在 12.5 以上，而化学锚栓在此高碱度的环境中容易碱化变脆或黏结，这会直接引起材料自身强度的下降，而且还会大幅度降低锚固材料硬化体与锚栓之间的黏结强度，影响锚固结构传递荷载的能力。

c.锚固后不可二次焊接。由于化学锚栓耐热性差，锚固硬化结构容易因焊接作业产生的高温而变形或发生黏性流动，影响锚固材料与螺栓的黏结强度，导致锚固失效。化学锚栓在正常条件和焊接作业下的极限抗拔承载力试验结果如图 6-11 所示。

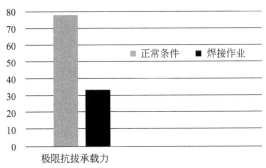

图 6-11　化学锚栓极限抗拔承载力试验结果

d.锚固材料施工难度较大。锚固材料不适用于潮湿作业面的施工过程，且对混凝土表面的浸润性很差，有自动脱离表面的现象。施工易受室外温度、天气变化的影响，对孔洞内外表面要求必须干净无灰尘、无油污，孔内干燥，遇有油污必须用丙酮仔细擦干净，否则，易出现黏流体局部不硬化或硬化性能不均匀，导致应力集中，直接影响锚固结构的安全性，对施工设备和施工人员的要求很高。

6.3.4　应用场合

① 膨胀螺栓适用于在混凝土及砖砌栓墙、地基上作锚固体。由于具有钻孔小、拉力大、用后外露是平的，如不用可随意拆除，保持墙面平整的优点，广泛应用于各种装修场合紧固空调、热水器、吸油烟机等。

② 固定无框阳台窗、防盗门窗、厨房、浴室组件等，吊顶丝杆固定（与套管及锥帽组合使用），其它需要固定的场合。

③ 化学锚栓适用于重载在近边距和狭窄构件（柱、阳台等）上固定，可在混凝土（≥C25 混凝土）里使用，也可在耐压的天然石里锚固。主要适用于以下锚固：钢筋固、金属构件、拖架、机器基板、道路护栏、模板的固定，隔音墙墙脚的固定，路牌的固定，枕木的固定，楼板护边、重型支撑梁、屋面装饰构

件、窗户、护网、重型电梯、楼板支撑、施工支架的固定，穿传输系统、轨枕的固定，支架和货架系统的固定，防撞设施、汽车拖架、支柱、烟囱、重型广告牌、重型隔音墙、重型门的固定，成套设备的固定，塔吊的固定，管道的固定安装，重型拖架、导轨的固定，钉板的连接，重型空间分割装置、货架、遮阳篷固定。

综上所述，化学锚栓和膨胀螺栓各有其优缺点，但考虑在非焊接状态的正常条件下，化学锚栓的力学性能要强于膨胀螺栓，此外，化学锚栓还可用于开裂混凝土，因此，在不需要焊接的情况下，优先考虑使用化学锚栓。

6.4 钢结构走廊平台与建筑物的匹配

6.4.1 钢结构电梯与既有建筑物的匹配形式

在既有建筑加装电梯的过程中，考虑到建筑物不同的安装环境限制及用户生活需求，提出了利用楼梯中间休息平台的错半层入户和平层入户两种入户方式。但由于错半层入户的电梯不能实现平层入户，居民仍需上（或下）半层乘坐，对于行动不便的老人来说这不是很好的出行方式。因此为了满足各类居住群体的出行需求，本节在两种入户方式的基础上增设了五种连接方式，并形成多样化的组合，以满足不同既有建筑的加装要求，帮助乘客解决上下楼难题。

(1) 入户方式

① 平层入户　指增设电梯后，电梯停靠层站与住户所处的楼层通道或阳台地坪处于同一水平面，乘客到达相应楼层后，可直接在住户阳台或客厅开门入户的方式。居民可实现乘坐电梯直接进入居室，彻底解决居民上下楼难的问题。具体实施方式如图 6-12 所示。

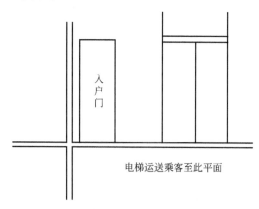

图 6-12 平层入户

② 错半层入户　指增设电梯后，电梯停靠层站与楼梯间转角休息平台处于同一水平面，乘坐电梯到达相应楼层的休息平台后，乘客需向上或向下走半层步行楼梯入户的方式。安装位置往往是楼梯平面的公共区域，通常是楼层的休息台或走廊位置。电梯错半层入户占据空间小，涉及公共区域改造较少，建设成本低。具体实施方式如图 6-13 所示。

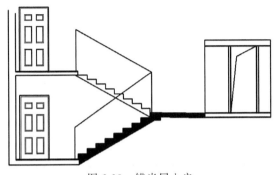

图 6-13　错半层入户

(2) 走廊平台与既有建筑的连接方式

① 无平台直连式　指原建筑物内部有可利用空间，用户可直接首层进入钢结构电梯，无需平台连接，单门进入，适用于楼前空间狭小的楼房。具有占地较少、一楼住户进出方便、乘客能直进直出等优点，具体实施方式如图 6-14 所示。

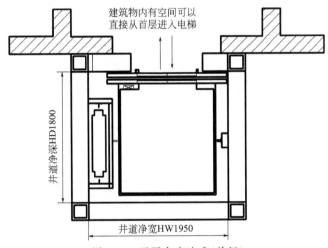

图 6-14　无平台直连式(单门)

② 无平台直连式(贯通门)　指原建筑物内部有可利用空间，无需平台连接，用户可直接首层进入钢结构电梯，并采用贯通门，电梯两侧用户可使用，具体实

施方式如图 6-15 所示。

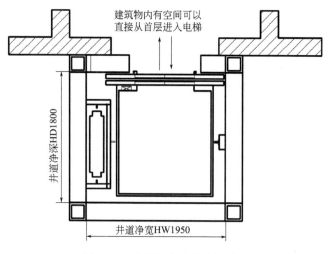

图 6-15　无平台直连式（贯通门）

③ 直走廊式　指钢结构电梯连接建筑物外部的走廊，可减少建筑物内部空间占用，适用于空间狭小、楼道外两侧空间小的楼房。具有占地面积小的优点，具体实施方式如图 6-16 所示。

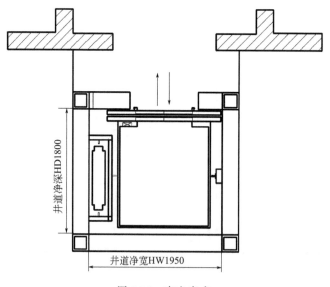

图 6-16　直走廊式

④ 双跨耳走廊式　指钢结构电梯连接建筑物外部的走廊，从走廊左右两端均可进入建筑物内，可减少建筑物内部占用空间。适用于楼前空间开阔、选择平

层直接入户的楼房。具有占地较小、一楼住户进出方便、乘客能直进直出等优点，具体实施方式如图 6-17 所示。

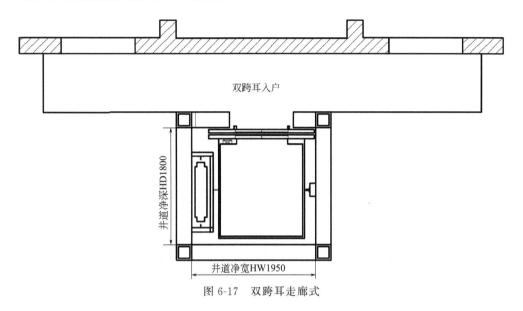

图 6-17   双跨耳走廊式

⑤ 侧平台式   指钢结构电梯连接建筑物侧面的平台，用户到达平台后即可直接进入建筑物内，可减少建筑物内部占用空间。适用于楼前空间开阔的楼房，具有占地较小、一楼住户进出方便、乘客能直进直出等优点，具体实施方式如图 6-18 所示。

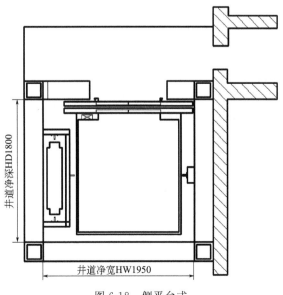

图 6-18   侧平台式

6.4.2 井道与楼梯连接方式及工程应用

(1) 井道与楼梯连接方式

① 平层入户与无平台直连式（单门）的连接方式　指增设电梯后，电梯停靠层站与住户所处的楼层通道或阳台地坪处于同一水平面，原建筑物内部有可利用空间，用户可直接首层进入钢结构电梯，无需平台连接，单门进出。住户乘坐电梯到达相应楼层后，可直接在住户阳台或客厅开门入户。此连接方式适用于楼前空间狭小的楼房，具体实施方式如图 6-19 所示。

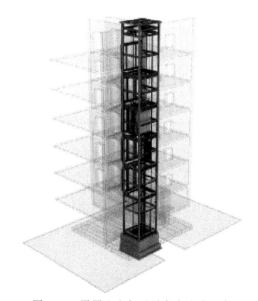

图 6-19　平层入户与无平台直连式组合

② 平层入户与无平台直连式（贯通门）的连接方式　指增设电梯后，电梯停靠层站与住户所处的楼层通道或阳台地坪处于同一水平面，原建筑物内部有可利用空间，无需平台连接，用户可直接首层进入钢结构电梯，并采用贯通门，即首层进出电梯的层门和二层以上进出电梯的层门在钢结构井道的两相对面上。住户乘坐电梯到达相应楼层后，可直接在住户阳台或客厅开门入户，具体实施方式如图 6-20 所示。

③ 平层入户与直走廊式的连接方式　指增设电梯后，电梯停靠层站与住户所处的楼层通道或阳台地坪处于同一水平面，且钢结构电梯井道与建筑物两相邻立面有一定距离，通过走廊实现连接。住户乘坐电梯到达相应楼层后，可直接在住户阳台或客厅开门入户，具体实施方式如图 6-21 所示。

④ 平层入户与双跨耳走廊式的连接方式　指增设电梯后，电梯停靠层站与住户所处的楼层通道或阳台地坪处于同一水平面，电梯连接建筑物外部的走廊左

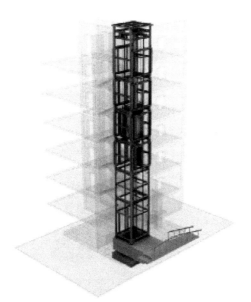

图 6-20　平层入户与无平台直连式组合

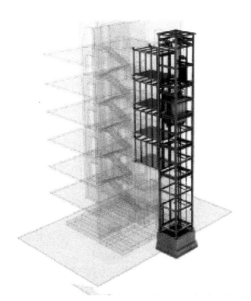

图 6-21　平层入户与直走廊式组合

右延伸形成双跨耳，住户乘坐电梯到达相应楼层后，可从走廊左右两侧分别进入建筑物内的各自户室。具体实施方式如图 6-22 所示。

　　⑤ 平层入户与侧平台式的连接方式　指增设电梯后，电梯停靠层站与住户所处的楼层通道或阳台地坪处于同一水平面，但钢结构电梯仅一侧有连接建筑物的平台。住户乘坐电梯到达相应楼层后，可直接在住户阳台或客厅开门入户，具

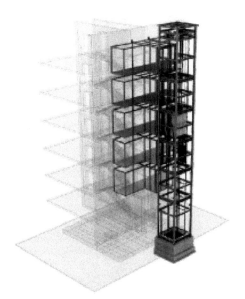

图 6-22　平层入户与双跨耳走廊式的组合

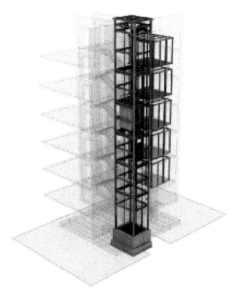

图 6-23　平层入户与侧平台式的组合

体实施方式如图 6-23 所示。

⑥ 错半层入户与直走廊式的连接方式　指增设电梯后，电梯停靠层站与楼梯间转角休息平台处于同一水平面，钢结构电梯有连接建筑物外部的走廊，住户乘坐电梯到达相应楼层的休息平台后，需向上或向下走半层步行楼梯入户，具体实施方式如图 6-24 所示。

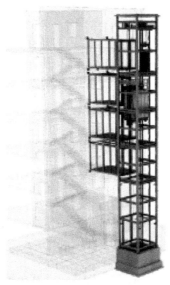

图 6-24 错半层入户与直走廊式的组合

⑦ 错半层入户与侧平台式的连接方式 指增设电梯后，电梯停靠层站与楼梯间转角休息平台处于同一水平面，钢结构电梯仅一侧有连接建筑物的平台，乘坐电梯到达相应楼层的休息平台后，乘客需向上或向下走半层步行楼梯入户的方式。此连接方式安装位置往往是楼梯平面的公共区域，通常是楼层的休息台或走廊位置。具体实施方式如图 6-25 所示。

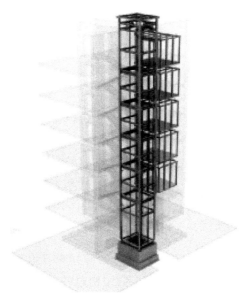

图 6-25 错半层入户与侧平台式的组合

（2）工程应用

钢结构走廊平台与既有建筑的匹配技术，促使快装式钢结构电梯朝着高效率、高舒适性的方向发展，并在全国范围内得到广泛推广应用。以下为井道与楼梯连接方式的部分推广应用案例。每一具体方案都可以满足用户美观要求、功能性要求以及方便的出行需求。

① 平层入户与双跨耳走廊式的预组装方案　指增设电梯后，电梯停靠层站与住户所处的楼层通道或阳台地坪处于同一水平面，电梯两侧设有连接建筑物外部的走廊，住户乘坐电梯到达相应楼层后，可从走廊左右两侧进入建筑物内。本方案有采用玻璃板、韩谊板和彩钢瓦三种不同材料的外装饰电梯井道，具体实施方式如图 6-26～图 6-28 所示。

图 6-26　平层入户与双跨耳走廊式电梯井道玻璃板外装饰方案

图 6-27　平层入户与双跨耳走廊式电梯井道韩谊板外装饰方案

② 错半层入户与直走廊式的预组装方案　指增设电梯后，电梯停靠层站与楼梯间转角休息平台处于同一水平面，钢结构电梯设有连接建筑物外部的走廊，住户乘坐电梯到达相应楼层的休息平台后，需向上或向下走半层步行楼梯入户。

图 6-28　平层入户与双跨耳走廊式电梯井道彩钢瓦外装饰方案

本方案有采用玻璃板、韩谊板和彩钢瓦三种材料的外装饰电梯井道，具体实施方式如图 6-29～图 6-31 所示。

图 6-29　错半层入户与直走廊式电梯井道玻璃板外装饰方案

图 6-30　错半层入户与直走廊式电梯井道韩谊板外装饰方案

图 6-31　错半层入户与直走廊式电梯井道彩钢瓦外装饰方案

　　③ 平层入户与侧平台式的预组装方案　指增设电梯后，电梯停靠层站与住户所处的楼层通道或阳台地坪处于同一水平面，钢结构电梯仅在一侧设有连接建筑物的平台。住户乘坐电梯到达相应楼层后，可直接在住户阳台或客厅开门入户。本方案有采用玻璃板、韩谊板和彩钢瓦三种材料的外装饰电梯井道，具体实施方式如图 6-32～图 6-34 所示。

图 6-32　平层入户与侧平台式电梯井道玻璃板外装饰方案

图 6-33　平层入户与侧平台式电梯井道韩谊板外装饰方案

图 6-34　平层入户与侧平台式电梯井道彩钢瓦外装饰方案

6.5　电梯基础沉降控制技术与设计

6.5.1　既有建筑基础沉降的原因分析及防治措施

（1）既有建筑基础沉降的原因分析

① 地基处理问题　建筑施工前没有对地基进行妥善处理，高层建筑产生的压力使地基无法承受，导致建筑物出现沉降现象。

② 高层建筑的造型设计问题　高层建筑物形态在设计过程中存在不平稳的问题时，会存在重心不稳等现象，导致建筑物沉降。

③ 地基含水量问题　地基作为整个建筑物最基础的部分，其处理存在很大的影响。当水量配比出现问题时会引起地基的硬度变化，含水量不均匀的地基会使建筑出现沉降现象。

④ 房屋使用问题　建筑物承受的荷载超出建筑物本身的承载能力时会引起建筑物出现沉降现象。

（2）基础沉降采取的防治措施

① 加强基础浇筑施工技术　在高层建筑物的施工过程中，地基建设中最常用的是浇筑技术，浇筑施工质量的好坏直接影响地基乃至整个工程的质量。

② 灌浆加固技术　加强地基的施工技术，做好灌浆加固技术也是重要手段，通过对土壤结构的研究，相应地采取加固措施，在合理利用灌浆技术设计区域内，浇筑过程中要注意浇筑的速度与混凝土的使用量，保证浇注的质量，做好基坑底部及边缘的浇注工作，为提高地基的坚固性打下基础。

③ 导流施工技术　在施工过程中，合理引入导流技术，加强地基的防水措施，在工程建设中提高技术要求，因此，要加强对建筑地基的施工技术要求，提高地基均匀性，防止出现沉降现象。

6.5.2　钢结构电梯基础沉降的原因分析及防治措施

(1) 新建电梯井道基础沉降的原因分析[13]

① 地质勘探不准确引起沉降　工程地质勘探报告未能正确反映土层性质、钻孔深度不够、抄袭相邻地质资料或出具假地质报告等原因，使得设计人员在进行设计时无法正确分析与判断。

② 井道设计不当引起沉降　如果新建井道设计不当，很容易引起井道地基的沉降问题。井道设计过程中，由于计算结构荷载时有遗漏、构造不合理、造成结构本身不合理从而引起新建井道地基的沉降。

③ 新建井道与旧楼之间的相邻荷载会引起基础沉降　建筑物的荷载是通过基础传给地基，在地基土层中引起的附加应力具有扩散作用，在地面下某一深度的水平面上各点附加应力不相等，在均布荷载合力作用（即基底中心线）上应力最大，两侧逐渐减少；旧建筑抵抗变形的能力强，因此不会产生破坏现象，但是由于加装了新的电梯井道打破了两者之间的平衡，产生了地基沉降的问题。

④ 施工方面　施工方面的原因对新建井道地基的沉降有着直接的影响。地基施工时如果没有严格按照合格设计要求去进行，或者墙体砌筑时砂浆强度不够、灰缝不饱满、砌体组合不正确、通缝多、断砖多及断砖集中使用，拉结筋不按规定设置等都会直接影响新建井道地基沉降。

(2) 新建电梯井道基础沉降的防治措施[14]

① 地质勘探过程中，应该严格勘探程序　加装电梯基础和井道结构设计前，应尽量搜集到既有建筑的原设计图纸，并对既有建筑进行结构检测鉴定。

② 井道设计要严密谨慎　在设计过程中要做到正确结构计算和设计，这是防止新建井道沉降最基础性的工作。

③ 加强沉降的计算　建筑物在施工期间完成的沉降量，对于沙土可认为其最终沉降已基本完成，对于低压缩黏性土可认为已完成最终沉降的 $50\%\sim80\%$，对于中压缩黏性土可认为已完成 $20\%\sim50\%$，对于高压缩性黏性土可认为已完成 $5\%\sim20\%$。因此，可根据相邻建筑物的预估沉降量完成情况，并计算出新旧建筑附加应力所引起沉降对各自的相互影响和相邻基础对地基中附加应力的影响。《建筑地基基础设计规范》（GB J7—89）第 5.2.5 条中表明各层土的平均压缩模量 ES 越大，沉降量越小，基底附加应力 P_0 越小，沉降量越小。因此，相邻地基沉降影响大小取决于两建筑物的最终沉降量大小。

6.5.3 既有建筑加装电梯的防沉降方法

（1）既有建筑加装电梯的基础沉降原因

① 既有建筑物加装电梯进行开挖基坑或抽水等施工时，没有对原有建筑地基采取有效保护措施，使周围原有房屋地基孔隙水流失，降低了周围地基土的承载力，造成既有建筑的沉降。

② 对新建电梯井道进行深基础施工时，没有对周围邻近建筑采取保护措施，影响了既有建筑地基基础安全。

③ 新建电梯井道距离邻近建筑物过近，造成对邻近建筑基础的破坏。新建井道荷载影响到邻近建筑地基，原有地基由于承受不了新增荷载作用，有可能产生不均匀的压缩变形，造成原有地基的强度破坏，使基础产生不均匀沉降或断裂，从而影响电梯的使用安全。

（2）防沉降的案例[15]

既有建筑使用时间少则近十年、多则二十几甚至三十几年，加装电梯时再沉降的量微乎其微。因此电梯与基础地面的匹配，主要任务是控制沉降量与既有建筑相等同。

为了解决既有建筑加装电梯产生的基础沉降的问题，结合上述防沉降原理，本小节为电梯单独设计一体化钢结构电梯混凝土底坑，具体内容见本书第 3.4.1 节。本方案结合既有建筑的原设计图纸和对现场施工场地的地质勘测报告，计算出新建井道与旧建筑附加应力所引起沉降量的大小，采用在工厂内将钢结构电梯混凝土底坑浇筑完成，待凝固时间和强度达到要求后运往施工现场的方法，减少现场施工时对既有建筑地基的破坏，从而达到防沉降的目的。

6.6 本章小结

本章围绕钢结构井道-建筑物匹配的技术问题展开研究，将后锚固连接技术运用到既有建筑加装电梯工程中，同时提出了连接通道与墙体间螺栓连接方式和化学锚栓连接方式的计算分析方法，为钢结构井道-建筑物匹配最佳方案的选择提供必要的理论依据；基于对顶螺母以及弹簧垫片的防松原理，提出了多种通道-墙体螺栓防松的改进方法；根据化学锚栓和膨胀螺栓的对比分析结果，保证了井道或走廊与墙体间连接的可靠性；针对施工现场实际情况和安装要求，基于两种入户方式及五种连接方式，提出了多种钢结构井道-建筑物匹配的组合方式，以满足用户的需求；最后对既有建筑物和新建电梯井道沉降的原因展开分析，并根据防沉降的原理设计了一体化钢筋混凝土底坑。本章的系列技术为既有建筑加装电梯的可靠性、安全性提供了强有力的保障。

参 考 文 献

[1] 方林，李承铭，金骞.既有多层住宅加装电梯不同结构体系分析研究 [J].土木工程，2019，8 (5)：1030-1037.

[2] 阮金奎.常见建筑结构加固方法选择与优缺点 [J].山西建筑，2008，34 (10)：73-75.

[3] 吴忠诚，钟诗赋.建筑工程结构基础沉降原因与对策研究 [J].山东工业技术，2014.

[4] 何天胜.后锚固技术及其发展 [J].山西建筑，2005，31 (12)：120-121.

[5] JGJ 145—2013.混凝土结构后锚固技术规程.

[6] 张亚挺.新型锚固材料——化学锚栓在工程中的应用 [J].江西建材，2003 (4)：28-30.

[7] JB-ZQ-4763—2006.膨胀螺栓规格及性能.

[8] 吴林志.锚栓抗震性能及安装偏差对其受拉性能的影响试验研究 [D].南京：南京工业大学，2013.

[9] 万战胜，夏永旭.化学锚栓高温力学性能试验 [J].长安大学学报，2010，30 (1)：63-65.

[10] 方煜，刘祖华.化学锚栓裂缝反复开合试验研究 [J].工程师，2012，28 (1)：117-121.

[11] 邢国起.无机化学锚栓性能研究 [D].西安：西安科技大学，2005.

[12] 冯虎.无机化学锚栓工程应用关键技术研究 [D].西安：西安科技大学，2006.

[13] 鲍剑锋.新建房屋地基沉降的控制与处理 [J].工程建设与管理，2007，6 (83)：126-128.

[14] 肖大平，吴后山，张桂竹.既有建筑加装电梯的地基基础问题与解决方案 [J].中国电梯，2019，30 (17)：25-28.

[15] 山东富士制御电梯有限公司.一种一体式钢结构电梯混凝土底坑：CN201821808355.3 [P].2019-08-20.

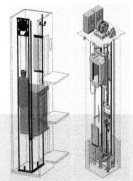

第7章 快装式电梯典型钢结构部件强度刚度优化改进分析

基于 ANSYS 软件中具有丰富常用单元类型的优势，分析提出钢结构电梯中的典型部件、节点等适宜应用 ANSYS 软件进行力学计算分析。本章利用 ANSYS 对快装式电梯钢结构井道和钢结构平台的强度和刚度进行优化改进分析。

7.1 基于 ANSYS 的典型钢结构部件力学分析概述

在科学技术发展要求机械产品更新周期日益缩短的今天，把优化设计方法与计算机辅助设计结合起来，使设计过程完全自动化已成为设计方法的一个重要发展趋势。利用 ANSYS 有限元计算分析软件包，可与多种先进的 CAD 软件共享数据。利用 ANSYS 的数据接口，可以把 CAD 软件中的模型精确地传输到 ANSYS，并进一步在 ANSYS 软件中进行划分网格和求解。对于钢结构构件，通过 CAD 软件导入模型到 ANSYS 中进行网格划分和求解准确可靠。

ANSYS 分析模块提供结构分析的完整工具，具有一般静力学、动力学和非线性分析能力以及复合材料、断裂、疲劳、优化等分析功能，电梯的钢结构部件需要对材料的强度、刚度进行优化分析，预防关键部件出现不安全因素。并且 ANSYS 主要是在多物理场（结构、热、电磁、流体等）的耦合计算方面表现突出，钢结构电梯对于流固耦合、固固耦合等方面计算也有较高的要求。ANSYS 单元技术功能强大，拥有一致的理论基础和先进的算法，提供了一个丰富的单元库，包括梁单元、管单元、板壳单元、实体单元、二维平面/轴对称单元和三维轴对称单元，这些单元有很广泛的适用性，可适用于复合材料、屈曲和坍塌分析、动力学分析和非线性分析。此单元库也包括特殊用途单元，如垫片单元、运动副单元、界面单元和复合材料的层单元。因此，相比于其它软件，ANSYS 在钢结构电梯部件的力学分析中有突出优势。

对于电梯钢结构部件的计算，ANSYS 软件主要包括三个模块：

(1) 前处理模块

ANSYS 前处理模块主要包括参数定义和建立有限元模型。

① 参数定义　ANSYS 软件在建立有限元模型的过程中，首先要进行相关参数定义，主要包括定义单位制，定义单元类型，定义单元实常数，定义材料模型和材料特性参数，定义几何参数等。在建立有限元模型或对钢结构模型进行划分网格之前，必须定义相关类型，而单元实常数的确定也依赖于单元类型的特性。并且材料模型和材料特性参数是表征实际工程问题所涉及材料的具体特性，因此材料模型的正确选择和材料参数的精确输入是实际工程问题得到正确解决的关键[1]。

② 建立有限元模型　ANSYS 可以通过 4 种方法对钢结构模型进行建模：直接建模；实体建模；输入在 CAD 中创建的实体模型；输入在 CAD 中创建的有限元模型。

(2) 求解模块

求解模块是 ANSYS 软件对建立的有限元模型进行力学分析和有限元求解的模块，在该模块中，用户可以定义分析类型和分析选项、施加荷载及荷载步选项。

(3) 后处理模块

计算结果整理分析属于 ANSYS 程序后处理阶段，所谓后处理也就是检查分析的结果并对结果进行评价。这是整个分析过程中最重要的一步。在 ANSYS 程序中，检查分析结果可使用两个后处理器：通用后处理器 POSTI 和时间历程后处理器 POST26。POSTI 检查整个模型在某一荷载步和子步的结果；POST26 可以检查模型的指定点的特定结果相对于时间、频率或其它结果项的变化。对于静态结构分析，只利用通用后处理器 POSTI 检查结果。需要说明的是，ANSYS 后处理器仅是用于检查分析结果的工具，它并不能判定分析结果是否正确，仍然需要工程技术人员利用工程判断能力来解释其结果。

在 ANSYS 后处理中可用到的数据类型一般有两类：基本数据和派生数据。基本数据包括每个节点计算的自由度解；派生数据是由基本数据计算而得到的结果数据。在结构分析中基本数据为位移，派生数据为应力、应变和反作用力等。在对各种数据整理分析中，将综合运用 ANSYS 程序的各种后处理功能对结果进行处理，如梯度线云图、矢量图、等值线图、等值面图和各种动画格式 AVI 文件等。

另外，在 POSTI 中查看所有与方向相关的量，如应力分量、位移、反力等都是在结果坐标系（RSYS）下报告的。如有必要，结果坐标系是可变的。

当 ANSYS 完成计算后，可以通过后处理器观察结果。该模块可以用于查看整个模型或选定的部分模型在某一子步或时间步的计算结果。运用该模块可以获得各种应力场、应变场的等值线图形显示、变形形状显示以及检查和解释分析的结果列表。后处理模块还提供了很多其它功能，如误差估计、荷载工况组合、结果数据的计算和路径操作等。

因此，通过前处理模块、求解模块、后处理模块可方便实现钢结构典型部件力学分析。

7.2 有限元力学分析理论与方法概述

7.2.1 有限元法解决工程问题的步骤

(1) 结构的力学模型简化

采用有限元方法来分析实际工程结构的强度与刚度问题时，首先应从工程实际问题中抽象出力学模型，即对实际问题的边界条件、约束条件和外荷载进行简化。这种简化应尽可能反映实际情况，使简化后的弹性力学问题的解与实际相近，但也不要使计算过于复杂[2]。

力学模型简化时，必须明确以下几点：

① 判断实际结构的问题类型，是属于一维问题、二维问题还是三维问题，如果是二维问题，应分清是平面应力状态，还是平面应变状态。

② 结构是否对称，如果结构对称，则充分利用结构对称性简化计算（即取1/2 部分或 1/4 部分来计算）。

③ 简化后的力学模型必须是静定结构或超静定结构。

④ 进行力学模型简化时，还要给定结构力学参数，如材料弹性模量 E、泊松系数 μ、外荷载大小及作用位置，以及结构的几何形状及尺寸等。

(2) 单元划分和插值函数的确定

根据分析对象的结构几何特性、荷载情况及所要求的变形点，建立由各种单元组成的计算模型。

单元划分后，利用单元的性质和精度要求，写出表示单元内任意点的位移函数；利用节点处的边界条件，写出用节点位移表示的单元体内任意点位移的插值函数式。

(3) 单元特性分析

根据位移插值函数，由弹性力学中给出的应变和位移关系，可计算出单元内任意点的应变；再由物理关系，得应变与应力间的关系式，进而可求单元内任意点的应力；然后由虚功原理，可得单元的有限元方程，即节点力与节点位移之间的关系，从而得到单元的刚度矩阵。

（4）整体分析（单元组集）

整体分析是对由各个单元组成的整体进行分析。它的目的是建立节点外荷载与节点位移之间的关系，以求解节点位移。把各单元按节点组集成与原结构体相似的整体结构，得到整体结构的节点力与节点位移之间的关系

$$\boldsymbol{F} = \boldsymbol{kq} \tag{7-1}$$

式中，$\boldsymbol{F}$ 为整体总节点荷载列阵；$\boldsymbol{k}$ 为整体结构的刚度矩阵或称总刚度矩阵；$\boldsymbol{q}$ 为整体结构的所有节点的位移列阵。上式称为整体有限元方程式。

上式写成分块的形式，则为

$$\begin{bmatrix} \boldsymbol{F}_1 \\ \boldsymbol{F}_2 \\ \vdots \\ \boldsymbol{F}_n \end{bmatrix} = \begin{bmatrix} \boldsymbol{k}_{11} & \boldsymbol{k}_{12} & \cdots & \boldsymbol{k}_{1n} \\ \boldsymbol{k}_{21} & \boldsymbol{k}_{22} & \cdots & \boldsymbol{k}_{2n} \\ \vdots & \vdots & & \vdots \\ \boldsymbol{k}_{n1} & \boldsymbol{k}_{n2} & \cdots & \boldsymbol{k}_{nn} \end{bmatrix} \begin{bmatrix} \{\boldsymbol{q}\}_1 \\ \{\boldsymbol{q}\}_2 \\ \vdots \\ \{\boldsymbol{q}\}_n \end{bmatrix} \tag{7-2}$$

对于弹性力学平面问题，子向量 $\boldsymbol{F}_i$、$\boldsymbol{q}_i$ 都是二维向量，子矩阵 $\boldsymbol{k}_{ij}$ 是 2×2 阶矩阵，角标为节点总码，n 为整体结构中的节点总数。

整体有限元方程式中的 $\boldsymbol{F}$、$\boldsymbol{k}$ 和 $\boldsymbol{q}$ 可按以下步骤建立：

① 整体节点位移列阵 $\boldsymbol{q}$：$\boldsymbol{q}$ 的建立较为简单，即直接按节点编号顺序和每个节点的自由度数排列而成。这相当于将各个单元的节点位移 $\boldsymbol{q}^{(e)}$ 直接叠加，共同节点只取一个表示即可。

② 总刚度矩阵 $\boldsymbol{k}$：$\boldsymbol{k}$ 由各个单元刚度矩阵 $\boldsymbol{k}^{(e)}$ 直接叠加而成。这种叠加是按各单元节点编号的顺序，将每个单元刚度矩阵送入总刚度矩阵 $\boldsymbol{k}$ 中对应节点编号的行、列位置，而且交于同一节点编号的不同单元，对应于该节点的刚度矩阵子块要互相叠加。总刚度矩阵中其余元素均为零。

7.2.2　有限元法基本理论

有限元法基本理论的核心在于单元特性的分析，即推导获得单元刚度矩阵。

单元刚度矩阵的推导是有限元分析的基本步骤之一。目前，建立单元刚度矩阵的方法主要有以下四种：直接刚度法、虚功原理法、能量变分法和加权残数法[3,4]。

（1）直接刚度法

直接刚度法是直接应用物理概念来建立单元的有限元方程和分析单元特性的一种方法，这一方法仅能适用于简单形状的单元，如梁单元。但它可以帮助理解有限元法的物理概念。

图 7-1 所示是 xoy 平面中的一简支梁单元，现以它为例，用直接刚度法来建

立单元的单元刚度。梁在横向外荷载（可以是集中力或分布力或力矩等）作用下产生弯曲变形，在水平荷载作用下产生线位移。对于该平面简支梁问题，梁上任一点受有三个力的作用：水平力 F_x、剪切力 F_y 和弯矩 M_z，相应的位移为水平线位移 u、挠度 v 和转角 θ_z。通常规定：水平线位移和水平力向右为正，挠度和剪切力向上为正，转角和弯矩逆时针方向为正。

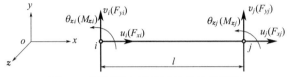

图 7-1　平面简支梁单元及其计算模型

为使问题简化，可把图示的梁看作是一个梁单元，如图 7-1 所示，当令左支承点为节点 i，右支承点为节点 j 时，则该单元的节点位移和节点力大小可以分别表示为 u_i、v_i、θ_{zi}、u_j、v_j、θ_{zj} 和 F_{xi}、F_{yi}、M_{zi}，F_{xj}、F_{yj}、M_{zj}。也可写成矩阵形式

$$\boldsymbol{q}^{(e)} = [u_i, v_i, \theta_{zi}, u_j, v_i, \theta_{zi}]^{\mathrm{T}} \tag{7-3}$$

称为单元的节点位移列阵。

$$\boldsymbol{F}^{(e)} = [F_{xi}, F_{yi}, M_{zi}, F_{xj}, F_{yj}, M_{zj}]^{\mathrm{T}} \tag{7-4a}$$

称为单元的节点力列阵；若 $\boldsymbol{F}$ 为外荷载，则称为荷载列阵。

显然，梁的节点力和节点位移是有联系的。在弹性小变形范围内，这种关系是线性的，可用下式表示：

$$\begin{bmatrix} F_{xi} \\ F_{yi} \\ M_{zi} \\ F_{xj} \\ F_{yj} \\ M_{zj} \end{bmatrix} = \begin{bmatrix} k_{11} & k_{12} & k_{13} & k_{14} & k_{15} & k_{16} \\ k_{21} & k_{22} & k_{23} & k_{24} & k_{25} & k_{26} \\ k_{31} & k_{32} & k_{33} & k_{34} & k_{35} & k_{36} \\ k_{41} & k_{42} & k_{43} & k_{44} & k_{45} & k_{46} \\ k_{51} & k_{52} & k_{53} & k_{54} & k_{55} & k_{56} \\ k_{61} & k_{62} & k_{63} & k_{64} & k_{65} & k_{66} \end{bmatrix} \begin{bmatrix} u_i \\ v_i \\ \theta_{zi} \\ u_j \\ v_j \\ \theta_{zj} \end{bmatrix} \tag{7-4b}$$

或

$$\boldsymbol{F}^{(e)} = \boldsymbol{K}^{(e)} \boldsymbol{q}^e \tag{7-4c}$$

式（7-4c）称为单元有限元方程，或称为单元刚度方程，它代表了单元的荷载与位移之间（或力与变形之间）的联系；式中 $\boldsymbol{K}^{(e)}$ 称为单元刚度矩阵，它是单元的特性矩阵。在理解式（7-4b）及式（7-4c）时，可与单一荷载 f 与其引起的弹性变形 x 之间存在的简单线性关系 $f = kx$ 进行对照。从方程中可以得出这样的物理概念，即单元刚度矩阵中任一元素 k_{st} 可以理解为第 t 个节点位移分量对第 s 个节点力分量的贡献。

对于图 7-1 所示的平面梁单元问题，利用材料力学中的杆件受力与变形间的关系及叠加原理，可以直接计算出单元刚度矩阵 $[\boldsymbol{K}]^{(e)}$ 中的各系数 $k_{st}(s,t=i,j)$ 的数值，具体方法如下：

① 假设 $u_i=1$，其余位移分量均为零，即 $v_i=\theta_{zi}=u_j=v_j=\theta_{zj}=0$，此时梁单元如图 7-2(a) 所示，由梁的变形公式得

伸缩
$$u_i=\frac{F_{xi}l}{EA}=1$$

式中，EA 为梁的抗拉强度，其中 E 为材料弹性模量；A 为梁的横截面积[5]。

挠度
$$v_i=\frac{F_{yi}l^3}{3EI}-\frac{M_{zi}l^2}{2EI}=0$$

转角
$$\theta_{zi}=-\frac{F_{yi}l^2}{2EI}+\frac{M_{zi}l}{EI}=0$$

由上述三式可以解得

$$F_{xi}=\frac{EA}{l},\ F_{yi}=0,\ M_{zi}=0$$

根据静力平衡条件

$$F_{xj}=-F_{xi}=-\frac{EA}{l},\ F_{yj}=-F_{yi}=0,\ M_{zj}=0$$

由式(7-4b) 解得

$$k_{11}=F_{xi}=\frac{EA}{l},\ k_{21}=F_{yi}=0,\ k_{31}=M_{zi}=0$$

$$k_{41}=F_{xj}=-\frac{EA}{l},\ k_{51}=F_{yj}=0,\ k_{61}=M_{zj}=0$$

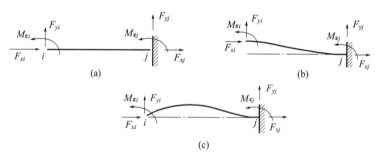

图 7-2　梁单元模型的三种形式

② 同理，设 $v_i=1$，其余位移分量均为零，即 $u_i=\theta_{zi}=u_j=v_j=\theta_{zj}=0$，此时梁单元如图 7-2(b) 所示，由梁的变形公式得

伸缩
$$u_i=\frac{F_{xi}l}{EA}=0$$

挠度
$$v_i = \frac{F_{yi}l^3}{3EI} - \frac{M_{zi}l^2}{2EI} = 1$$

转角
$$\theta_{zi} = -\frac{F_{yi}l^2}{2EI} + \frac{M_{zi}l}{EI} = 0$$

由上述三式可以解得

$$F_{xi} = 0,\ F_{yi} = \frac{12EI}{l^3},\ M_{zi} = \frac{6EI}{l^2}$$

利用静力平衡条件：

$$F_{xj} = -F_{xi} = 0,\ F_{yj} = -F_{yi} = -\frac{12EI}{l^3},\ M_{zj} = F_{yi}l - M_{zi} = \frac{6EI}{l^2}$$

由式（7-4b）解得：

$$k_{12} = F_{xi} = 0,\ k_{22} = F_{yi} = \frac{12EI}{l^3},\ k_{32} = M_{zi} = \frac{6EI}{l^2}$$

$$k_{42} = F_{xj} = 0,\ k_{52} = F_{yj} = -\frac{12EI}{l^3},\ k_{62} = M_{zj} = \frac{6EI}{l^2}$$

③ 同理，设 $\theta_{zi} = 1$，其余位移分量均为零，即 $u_i = v_i = u_j = v_j = \theta_{zj} = 0$，此时梁单元如图 7-2(c) 所示，由梁的变形公式得：

伸缩
$$u_i = \frac{F_{xi}l}{EA} = 0$$

挠度
$$v_i = \frac{F_{yi}l^3}{3EI} - \frac{M_{zi}l^2}{2EI} = 0$$

转角
$$\theta_{zi} = -\frac{F_{yi}l^2}{2EI} + \frac{M_{zi}l}{EI} = 1$$

由上述三式可以解得

$$F_{xi} = 0,\ F_{yi} = \frac{6EI}{l^2},\ M_{zi} = \frac{4EI}{l}$$

利用静力平衡条件

$$F_{xj} = -F_{xi} = 0,\ F_{yj} = -F_{yi} = -\frac{6EI}{l^2},\ M_{zj} = F_{yi}l - M_{zi} = \frac{2EI}{l}$$

由式（7-4b）解得

$$k_{13} = F_{xi} = 0,\ k_{23} = F_{yi} = \frac{6EI}{l^2},\ k_{33} = M_{zi} = \frac{4EI}{l^2}$$

$$k_{43} = F_{xj} = 0,\ k_{53} = F_{yj} = -\frac{6EI}{l^2},\ k_{63} = M_{zj} = \frac{2EI}{l}$$

剩余三种情况，仿此即可推出。最后可以得到平面弯曲梁单元的单元刚度矩阵为

$$\boldsymbol{K}^{(e)} = \begin{bmatrix} \dfrac{EA}{l} & 0 & 0 & -\dfrac{EA}{l} & 0 & 0 \\[2mm] 0 & \dfrac{12EI}{l^3} & \dfrac{6EI}{l^2} & 0 & -\dfrac{12EI}{l^3} & \dfrac{6EI}{l^2} \\[2mm] 0 & \dfrac{6EI}{l^2} & \dfrac{4EI}{l} & 0 & -\dfrac{6EI}{l^2} & \dfrac{2EI}{l} \\[2mm] -\dfrac{EA}{l} & 0 & 0 & \dfrac{EA}{l} & 0 & 0 \\[2mm] 0 & -\dfrac{12EI}{l^3} & \dfrac{6EI}{l^2} & 0 & \dfrac{12EI}{l^3} & -\dfrac{6EI}{l^2} \\[2mm] 0 & \dfrac{6EI}{l^2} & \dfrac{2EI}{l} & 0 & -\dfrac{6EI}{l^2} & \dfrac{4EI}{l} \end{bmatrix} \tag{7-5}$$

可以看出，$\boldsymbol{K}^{(e)}$ 为对称阵。

（2）虚功原理法

现以平面问题中的三角形单元为例，说明利用虚功原理法来建立单元刚度矩阵的步骤。

如前所述，将一个连续的单元体分割为一定形状和数量的单元，从而使连续体转换为有限个单元组成的组合体。单元与单元之间仅通过节点连接，除此之外再无其它连接。也就是说，一个单元上的力只能通过节点传递到相邻单元。

现从分析对象的组合体中任取一个三角形单元，设其编号为 e，三个节点的编号为 i、j、m，在定义的坐标系 xoy 中，节点左边分别为 (x_i,y_i)、(x_j,y_j)、(x_m,y_m)，如图 7-3 所示。由弹性力学平面问题的特点可知，单元每个节点有两个位移分量，即每个单元有 6 个自由度，相应有 6 个节点荷载，写成矩阵形式，即单元节点位移列阵

$$\boldsymbol{q}^e = [u_i,u_j,u_m,v_i,v_j,v_m]^\mathrm{T}$$

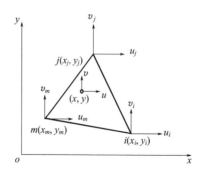

图 7-3　三节点三角形单元

单元节点荷载列阵

$$\boldsymbol{F}^{(e)} = \left[F_{xi}, F_{yi}, F_{xj}, F_{yj}, F_{xm}, F_{ym} \right]^{\mathrm{T}}$$

① 设定位移函数　按照有限元法的思想，首先需设定一种函数来近似表达单元内部的实际位移分布，该函数称为位移函数或位移模式。根据数学理论，定义于某一闭域内的函数总可用一个多项式来逼近，所以位移函数常取为多项式。多项式项数越多，逼近的精度越高。项数的多少应根据单元自由度数来确定。三节点三角形单元有 6 个自由度，可以确定 6 个待定系数，故三角形单元的位移函数为

$$u = u(x, y) = \alpha_1 + \alpha_2 x + \alpha_3 y$$
$$v = v(x, y) = \alpha_4 + \alpha_5 x + \alpha_6 y \tag{7-6}$$

式(7-6) 为线性多项式，称为线性位移函数，相应的单元称为线性单元。式(7-6) 也可用矩阵形式表示，即：

$$\boldsymbol{d} = \begin{bmatrix} u \\ v \end{bmatrix} = \begin{bmatrix} 1 & x & y & 0 & 0 & 0 \\ 0 & 0 & 0 & 1 & x & y \end{bmatrix} \begin{bmatrix} \alpha_1 \\ \alpha_2 \\ \alpha_3 \\ \alpha_4 \\ \alpha_5 \\ \alpha_6 \end{bmatrix} = \boldsymbol{s\alpha} \tag{7-7}$$

式中，$\boldsymbol{d}$ 为单元内任意点的位移阵列。

由于节点 i、j、m 在单元上，它们的位移自然就满足位移函数式(7-6)。设三个节点的位移值分别为 (u_i, v_i)、(u_j, v_j)、(u_m, v_m)，将节点位移节点坐标代入式(7-6)，得：

$$\begin{cases} u_i = \alpha_1 + \alpha_2 x_i + \alpha_3 y_i \\ u_j = \alpha_1 + \alpha_2 x_j + \alpha_3 y_j \\ u_m = \alpha_1 + \alpha_2 x_m + \alpha_3 y_m \end{cases}$$

$$\begin{cases} v_i = \alpha_4 + \alpha_5 x_i + \alpha_6 y_i \\ v_j = \alpha_4 + \alpha_5 x_j + \alpha_6 y_j \\ v_m = \alpha_4 + \alpha_5 x_m + \alpha_6 y_m \end{cases}$$

由上可知，共有 6 个方程，可以求出 6 个待定系数。解方程，求得各待定系数和节点位移之间的表达式为

$$
\begin{bmatrix} \alpha_1 \\ \alpha_2 \\ \alpha_3 \\ \alpha_4 \\ \alpha_5 \\ \alpha_6 \end{bmatrix} = \frac{1}{2\Delta} \begin{bmatrix} a_i & 0 & a_j & 0 & a_m & 0 \\ b_i & 0 & b_j & 0 & b_m & 0 \\ c_i & 0 & c_j & 0 & c_m & 0 \\ 0 & a_i & 0 & a_j & 0 & a_m \\ 0 & b_i & 0 & b_j & 0 & b_m \\ 0 & c_i & 0 & c_j & 0 & c_m \end{bmatrix} \begin{bmatrix} u_i \\ v_i \\ u_j \\ v_j \\ u_m \\ v_m \end{bmatrix}^{(e)} \tag{7-8}
$$

式中

$$
\Delta = \frac{1}{2} \begin{vmatrix} 1 & x_i & y_i \\ 1 & x_j & y_j \\ 1 & x_m & y_m \end{vmatrix} = \frac{1}{2}(x_i y_i + x_j y_m + x_m y_i) - \frac{1}{2}(x_j y_i + x_m y_j + x_i y_m)
$$

$$\tag{7-9}$$

为三角形单元的面积。其中

$$
\left.\begin{aligned}
a_i &= x_j y_m - x_m y_i, \quad a_j = x_m y_i - x_i y_m, \quad a_m = x_i y_j - x_j y_i \\
b_i &= y_j - y_m, \quad b_j = y_m - y_i, \quad b_m = y_i - y_j \\
c_i &= x_m - x_j, \quad c_j = x_i - x_m, \quad c_m = x_j - x_i
\end{aligned}\right\} \tag{7-10}
$$

将式(7-8)~式(7-10) 代入式(7-7) 中，得到：

$$
\boldsymbol{d} = \begin{bmatrix} u \\ v \end{bmatrix} = \frac{1}{2\Delta} \begin{bmatrix} 1 & x & y & 0 & 0 & 0 \\ 0 & 0 & 0 & 1 & x & y \end{bmatrix} \begin{bmatrix} a_i & 0 & a_j & 0 & a_m & 0 \\ b_i & 0 & b_j & 0 & b_m & 0 \\ c_i & 0 & c_j & 0 & c_m & 0 \\ 0 & a_i & 0 & a_j & 0 & a_m \\ 0 & b_i & 0 & b_j & 0 & b_m \\ 0 & c_i & 0 & c_j & 0 & c_m \end{bmatrix} \begin{bmatrix} u_i \\ v_i \\ u_j \\ v_j \\ u_m \\ v_m \end{bmatrix} \tag{7-11}
$$

$$
= \begin{bmatrix} N_i & 0 & N_j & 0 & N_m & 0 \\ 0 & N_i & 0 & N_j & 0 & N_m \end{bmatrix} \boldsymbol{q}^{(e)}
$$

$$
= \boldsymbol{N} \boldsymbol{q}^{(e)}
$$

式中，矩阵 $\boldsymbol{N}$ 称为单元的形函数矩阵；$\boldsymbol{q}^{(e)}$ 为单位节点位移阵列。其中，N_i、N_j、N_m 为单元的形函数，它们反映单元内位移的分布形态，是 x、y 坐标的连续函数，且有：

$$
\left.\begin{aligned}
N_i &= (a_i + b_i x + c_i y)/2\Delta \\
N_j &= (a_j + b_j x + c_j y)/2\Delta \\
N_m &= (a_m + b_m x + c_m y)/2\Delta
\end{aligned}\right\} \tag{7-12}
$$

式(7-11) 又可写成：

$$\left.\begin{array}{l} v = N_i v_i + N_j v_j + N_m v_m = \sum_{i=i,j,m} N_i v_i \\[2mm] u = N_i u_i + N_j u_j + N_m u_m = \sum_{i=i,j,m} N_i u_i \end{array}\right\} \tag{7-13}$$

上式清楚地表示了单元内任意点位移可由节点位移插值求出。

式(7-12) 的形式对于任意形式的单元都是适用的，不同的单元仅是单元形函数矩阵 $\boldsymbol{N}$ 不同而已。

② 利用几何方程由位移函数求应变　根据弹性力学的几何方程，线应变 $\varepsilon_x = \partial u / \partial x$，$\varepsilon_y = \partial u / \partial y$，剪切应变 $\gamma_{xy} = \partial u / \partial y + \partial u / \partial x$，则应变列阵可以写成：

$$\boldsymbol{\varepsilon}^{(e)} = \begin{bmatrix} \varepsilon_x \\ \varepsilon_y \\ \gamma_{xy} \end{bmatrix} = \begin{bmatrix} \dfrac{\partial u}{\partial x} \\[2mm] \dfrac{\partial u}{\partial y} \\[2mm] \dfrac{\partial u}{\partial y} + \dfrac{\partial u}{\partial x} \end{bmatrix} = \frac{1}{2\Delta} \begin{bmatrix} b_i & 0 & b_j & 0 & b_m & 0 \\ 0 & c_i & 0 & c_j & 0 & c_m \\ c_i & b_i & c_j & b_j & c_m & b_m \end{bmatrix} \begin{bmatrix} u_i \\ v_i \\ u_j \\ v_j \\ u_m \\ v_m \end{bmatrix} = \boldsymbol{B} \boldsymbol{q}^{(e)} \tag{7-14}$$

式中，$\boldsymbol{B}$ 称为单元应变矩阵，它是仅与单元几何尺寸有关的常量矩阵，即：

$$\boldsymbol{B} = \frac{1}{2\Delta} \begin{bmatrix} b_i & 0 & b_j & 0 & b_m & 0 \\ 0 & c_i & 0 & c_j & 0 & c_m \\ c_i & b_i & c_j & b_j & c_m & b_m \end{bmatrix} \tag{7-15}$$

上述方程式(7-15) 称为单元应变方程，它的意义在于：单元内任意点的应变分量亦可用基本未知量即节点位移分量来表示。

③ 利用广义虎克定律求出单元应力方程　根据广义虎克定律，对于平面应力问题：

$$\left.\begin{array}{l} \varepsilon_x = \dfrac{1}{E}(\sigma_x - \mu \sigma_y) \\[3mm] \varepsilon_y = \dfrac{1}{E}(\sigma_y - \mu \sigma_x) \\[3mm] \gamma_{xy} = \dfrac{1}{G}\tau_{xy} = \dfrac{2(1+\mu)}{E}\tau_{xy} \end{array}\right\} \tag{7-16}$$

式(7-16) 也可写成

$$\boldsymbol{\sigma}^{(e)} = \boldsymbol{D} \boldsymbol{\varepsilon}^{(e)} \tag{7-17}$$

式中，$\boldsymbol{\sigma} = [\sigma_x, \sigma_y, \tau_{xy}]^{\mathrm{T}}$ 为应力列阵；$\boldsymbol{D}$ 称为弹性力学平面问题的弹性矩阵，并有：

$$\boldsymbol{D} = \frac{E}{1-\mu^2}\begin{bmatrix} 1 & \mu & 0 \\ \mu & 1 & 0 \\ 0 & 0 & \dfrac{1-\mu}{2} \end{bmatrix} \tag{7-18}$$

则有如下单元应力方程

$$\boldsymbol{\sigma}^{(e)} = \begin{bmatrix} \sigma_x \\ \sigma_y \\ \tau_{xy} \end{bmatrix}^{(e)} = \boldsymbol{D}\boldsymbol{\varepsilon}^{(e)} = \boldsymbol{D}\boldsymbol{B}q^{(e)} \tag{7-19}$$

由式(7-19)可求单元内任意点的应力分量,它也可用基本未知量即节点位移分量来表示。

④ 由虚功原理求单元刚度矩阵   根据虚功原理,当弹性结构受到外荷载作用处于平衡状态时,在任意给出的微小的虚位移上,外力在虚位移上所做的虚功 A_F 等于结构内应力在虚应变上所存储的虚变形势能 A_σ。以公式表示,则为:

$$A_F = A_\sigma \tag{7-20}$$

设处于平衡状态的弹性结构内任一单元发生一个微小的虚位移,则单元各节点的虚位移 $\boldsymbol{q}'^{(e)}$ 为:

$$\boldsymbol{q}'^{(e)} = [u_i', v_i', u_j', v_j', u_m', v_m']^{\mathrm{T}} \tag{7-21}$$

则单元内部必定产生相应的虚应变,故单元内任一点的虚应变 $\boldsymbol{\varepsilon}'^{(e)}$ 为

$$\boldsymbol{\varepsilon}'^{(e)} = [\varepsilon_x', \varepsilon_y', \gamma_{xy}']^{\mathrm{T}} \tag{7-22}$$

显然,虚应变和虚位移之间存在和式(7-14)相类似的关系,即:

$$\boldsymbol{\varepsilon}'^{(e)} = \boldsymbol{B}\boldsymbol{q}'^{(e)}$$

设节点力为:

$$\boldsymbol{F}^{(e)} = [F_{xi}, F_{yi}, F_{xj}, F_{yj}, F_{xm}, F_{ym}]^{\mathrm{T}} \tag{7-23}$$

则外力虚功为:

$$A_F = \boldsymbol{q}'^{(e)\mathrm{T}}\boldsymbol{F}^{(e)} \tag{7-24}$$

单元内的虚变形势能为:

$$A_\sigma = \int_v \boldsymbol{\varepsilon}'^{(e)\mathrm{T}}\boldsymbol{\sigma}\,\mathrm{d}v \tag{7-25}$$

根据虚功原理,由式(7-20)可知:

$$\boldsymbol{q}'^{(e)\mathrm{T}}\boldsymbol{F}^{(e)} = \int_v \boldsymbol{\varepsilon}'^{(e)\mathrm{T}}\boldsymbol{\sigma}\,\mathrm{d}v \tag{7-26}$$

因为

$$\boldsymbol{\sigma} = \boldsymbol{D}\boldsymbol{\varepsilon}^{(e)} = \boldsymbol{D}\boldsymbol{B}q^{(e)}$$

$$\boldsymbol{\varepsilon}'^{(e)\mathrm{T}} = \boldsymbol{B}\boldsymbol{q}'^{(e)\mathrm{T}} = \boldsymbol{B}^{\mathrm{T}}\boldsymbol{q}'^{(e)\mathrm{T}}$$

代入式(7-26),则有:

$$\boldsymbol{q}'^{(e)\,\mathrm{T}}\boldsymbol{F}^{(e)} = \int_{v}\boldsymbol{B}^{\mathrm{T}}\boldsymbol{q}'^{(e)\,\mathrm{T}}\boldsymbol{D}\boldsymbol{B}\boldsymbol{q}^{(e)}\,\mathrm{d}v \tag{7-27}$$

式中，$\boldsymbol{q}'^{(e)\,\mathrm{T}}$、$\boldsymbol{q}^{(e)}$ 均与坐标 x、y 无关，可以从积分符号中提出，可得：

$$\boldsymbol{F}^{(e)} = \int_{v}\boldsymbol{B}^{\mathrm{T}}\boldsymbol{D}\boldsymbol{B}\,\mathrm{d}v \cdot \boldsymbol{q}^{(e)} = \boldsymbol{K}^{(e)}\boldsymbol{q}^{(e)} \tag{7-28}$$

其中，单元刚度矩阵

$$\boldsymbol{K}^{(e)} = \int_{v}\boldsymbol{B}^{\mathrm{T}}\boldsymbol{D}\boldsymbol{B}\,\mathrm{d}v \tag{7-29}$$

式（7-29）称为单元有限元方程，或称单元刚度方程，其中 $\boldsymbol{K}^{(e)}$ 是单元刚度矩阵。

因为三角形单元是常应变单元，其应变矩阵 $\boldsymbol{B}$、弹性矩阵 $\boldsymbol{D}$ 均为常量，而 $\int_{v}\mathrm{d}v = t\iint_{\Delta}\mathrm{d}x\,\mathrm{d}y = t\Delta$，所以式（7-29）可以写成：

$$\boldsymbol{K}^{(e)} = t\Delta\boldsymbol{B}^{\mathrm{T}}\boldsymbol{D}\boldsymbol{B} \tag{7-30}$$

式中，t 为三角形单元的厚度；Δ 为三角形单元的面积。

对于图 7-3 所示的三角形单元，将 $\boldsymbol{D}$ 及 $\boldsymbol{B}$ 代入式（7-30），可以得到单元刚度为：

$$\boldsymbol{K}^{(e)} = \begin{bmatrix} K_{ii} & K_{ij} & K_{im} \\ K_{ji} & K_{jj} & K_{jm} \\ K_{mi} & K_{mj} & K_{mm} \end{bmatrix}^{(e)} \tag{7-31}$$

式中，$\boldsymbol{K}^{(e)}$ 为 6×6 阶矩阵，其中每个子矩阵为 2×2 阶矩阵，并由下式给出：

$$\boldsymbol{K}_{rs} = \frac{Et}{4(1-\mu^2)\Delta}\begin{bmatrix} b_r b_s + \dfrac{1-\mu}{2}c_r c_s & \mu b_r c_s + \dfrac{1-\mu}{2}c_r b_s \\ \mu b_s c_r + \dfrac{1-\mu}{2}c_s b_r & c_r c_s + \dfrac{1-\mu}{2}b_r b_s \end{bmatrix}(r,s=i,j,m) \tag{7-32}$$

(3) 能量变分法

按照力学的一般说法，任何一个实际状态的弹性体的总位能是这个系统从实际状态运动到某一参考状态（通常取弹性体外荷载为零时状态为参考状态）时它的所有作用力所做的功。弹性体的总位能 Π 是一个函数的函数，即泛函，位移是泛函的容许函数。

从能量原理考虑，变形弹性体受外力作用处于平衡状态时，在很多可能的变形状态中，使总位能最小的就是弹性体的真正变形，这就是最小位能原理。用变分法求能量泛函的极值方法就是能量变分原理。能量变分原理除了可解机械结构位移场问题以外，还扩展到求解热传导、电磁场、流体力学等连续性问题。

（4）加权残数法

该方法是将假设的场变量的函数（称为试函数）引入问题的控制方程式及边界条件，利用最小二乘法等方法使残差最小，便得到近似的场变量函数形式。该方法的优点是不需要建立要解决问题的泛函式，所以，即使没有泛函表达式也能解题。

7.2.3　误差分析

钢结构的有限元分析得到的是一种近似解，它与精确解必然存在误差。有限元解的误差一般分为两类：计算误差和离散误差。计算误差是在数值运算时产生的误差，而离散误差是由于连续体被离散化模型所代替并进行近似计算所带来的。计算误差不可避免，离散误差也总是存在的。但是这两种相比，有限元的误差主要是由离散误差带来的。主要原因是在离散化形成有限元模型时采用了较多的假设，涉及的因素多（单元种类、位移模式假设、荷载移置和边界条件引入等）。网格划分时不可能都取成正三角形或正方形单元。其中任何一种假设和近似所带来的误差都比计算误差大得多。

为了减少误差可以采取如下措施：在同一有限元计算模型中尽量避免出现刚度过分悬殊的单元，包括刚度很大的边界元、相邻单元大小相差很大等。同时采用较密的网格分割，注意用较好的单元形态（即尽量采用接近等边三角形和正方形分割）等[6]。需要指出的是采用较密的网格分割会使有限元解的离散误差减少，但是单元多了计算误差就会增加，二者是矛盾的。但是有限元解的误差主要是由离散误差造成的，所以加密网格分割，同时注意单元形态将不会使有限元解的总误差下降很多。

7.3　典型案例

7.3.1　基于 ANSYS 的快装式钢结构电梯井道刚度强度分析

电梯的普及可以大幅度提高居民的生活舒适性和方便性，同时，电梯的安装也可以有效提高住宅楼的容积率。然而，原来兴建的老旧楼却因经济、环境等诸多因素未装电梯，中国又面临人口老龄化加剧的问题，所以旧楼加装电梯势在必行[7~9]。老楼快装式电梯井道采用钢结构形式，而钢结构井道作为电梯的基础部分，其强度和稳定性是否满足要求直接关系到电梯的安全与否，所以井道的钢结构校核尤为重要。

(1) 工程概况

本节中，笔者分析的老楼快装式钢结构电梯，其井道为钢结构形式，钢结构采用格构式结构，其横截面如图 7-4 所示，主肢及横腹杆均采用 100mm × 50mm × 5mm 的方管，电梯及钢结构部分参数见表 7-1，最高固定点与顶层距离如图 7-5 所示，L 为钢结构最高固定点与钢结构顶层的距离，钢结构与建筑物连接视为铰接。

表 7-1　电梯及钢结构井道参数

名称	量值
额定载重/kg	400
轿厢自重/kg	650
轿厢导靴上下间距/mm	1850
轿厢深度/mm	850
轿厢宽度/mm	1100
对重/kg	800
曳引机重/kg	130
安全钳类型	渐进式 AQ10
钢丝绳重量/kg	17.5
钢结构重量/t	1.8
钢结构固定点距离/m	2
钢结构井道高度/m	17.65
钢结构截面尺寸(长×宽)/m×m	1.9×1.2
钢结构最高固定点与钢结构顶层的距离(如图 7-5 所示距离 L)/m	1

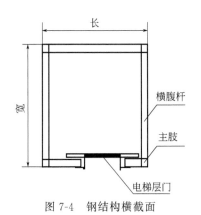

图 7-4　钢结构横截面

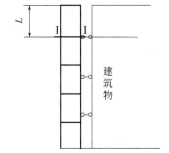

图 7-5　最高固定点与顶层距离示意图

如图 7-6 所示为电梯和建筑物布置的俯视图，电梯三面被建筑物环绕。钢结构受力主要来自两方面：内部电梯系统，主要考虑内部电梯系统的重力和导靴给导轨的力；外部环境，主要是风力。从图 7-6 中可明显看出，钢结构只受来自 y

轴一个方向的风力。

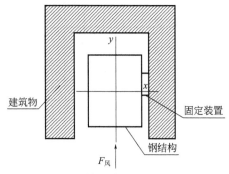

图 7-6 电梯和建筑物布置俯视图

(2) 荷载计算

本节结合工程实际，针对正常使用运行工况下导轨的受力进行计算分析，该种工况下导轨受力可分为导向力在 x 轴上作用力最大和导向力在 y 轴上作用力最大，由于在"正常使用运行"的工况下，导轨在 x 轴和 y 轴上受力最不利的情况不同，因此又分为"导向力在 x 轴上作用力最大"和"导向力在 y 轴上作用力最大"两种工况。

现通过 MATLAB 对轴向力、风荷载以及正常使用运行工况下 x 轴和 y 轴的力进行求解，结果如表 7-2 所示。

表 7-2　各力的值

名称	量值/N
井道受轴向力 N_0	19575.5
均布风荷载 F_w	1020
正常运行工况作用在 y 轴上力最大时 F_x	355
正常运行工况作用在 y 轴上力最大时 F_y	568
正常运行工况作用在 x 轴上力最大时 F_x	220
正常运行工况作用在 x 轴上力最大时 F_y	918

(3) ANSYS 前处理

① 材料属性设定。所用材料均为 Q235 钢，弹性模量 $2.1 \times 10^{11} \mathrm{Pa}$，泊松比 0.3，密度 $7850 \mathrm{kg/m^3}$。

② 构建模型并进行网格划分。使用 CAD 参数进行模型构建，网格采用智能划分，结果如图 7-7 所示。

③ 施加约束。本钢结构约束分为两个部分：一部分是钢结构的四个主肢底端，施加固定约束；另一部分是每隔 2.5m 一个的固定装置，固定连接装置看作为铰接，因此施加约束时只对其 y 方向施加约束。

图 7-7 网格划分

④ 力的施加。风力和电梯系统的重力为各种工况的共有力，因此这里只施加公共力，均布风荷载施加如图 7-8 所示，电梯系统重力加在钢结构顶端且沿主肢方向向下，如图 7-8 所示。

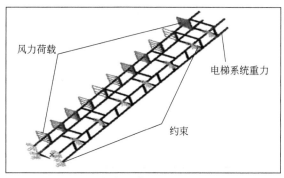

图 7-8 施加完约束和公共力的模型图

（4）计算结果及分析

由于最高固定点与钢结构顶层的距离 L 小于固定点间距，不能确定最危险平面，现将力分两种情况加：电梯上升到最高层；电梯运行到最高固定点和最低固定点的中间位置。

① 电梯上升到最高层 如图 7-9 所示为电梯上升到最高层时各种工况对应

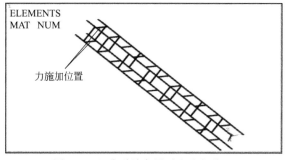

图 7-9 上升到最高层时力施加位置

的力施加位置。

a. 导向力在 y 轴上作用力最大 $F_x=355\text{N}$，$F_y=568\text{N}$。

钢结构总体变形如图 7-10 所示，根据总变形图可以明显看出钢结构在该工况下的整体变形情况。图 7-11 为钢结构的位移云图，从这两个图中都可以看出钢结构的最大位移为 3.129mm，在图 7-11 中表现为 max 的标记点，最大位移出现在钢结构主肢上，其结果表明，该工况下钢结构不会产生过大位移，刚度符合安全要求。

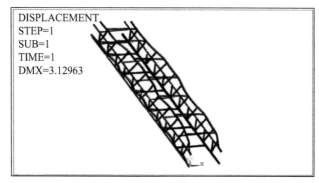

图 7-10　钢结构总变形图 1

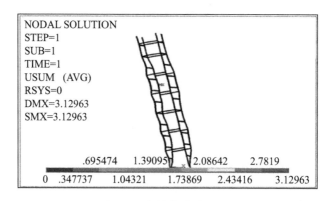

图 7-11　钢结构位移云图 1

图 7-12 为 x 轴方向的应力云图，从中可明显看出 x 轴方向上的最大应力出现在横腹杆上，图 7-13 为在单元第一主应力的基础上显示了应力最大点和最小点。根据图形可得其应力远小于其许用应力 158MPa，钢结构强度符合安全要求。

b. 导向力在 x 轴上作用力最大 $F_x=220\text{N}$，$F_y=918\text{N}$。

钢结构总体变形如图 7-14 所示，根据总变形图可以明显看出钢结构在该工况下的整体变形情况。图 7-15 为钢结构的位移云图，从这两个图中都可以看出

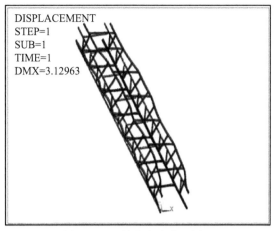

图 7-12　x 轴方向应力云图 1

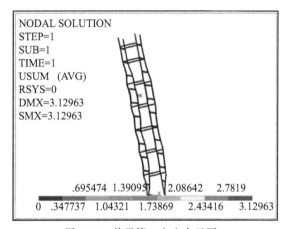

图 7-13　单元第一主应力云图 1

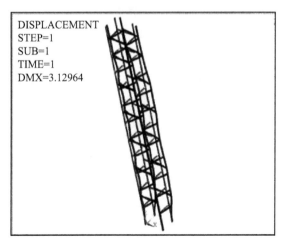

图 7-14　钢结构总变形图 2

钢结构的最大位移为 3.129mm，在图 7-15 中表现为 max 的标记点，最大位移出现在钢结构主肢上，其结果表明，该工况下钢结构不会产生过大位移，刚度符合安全要求。

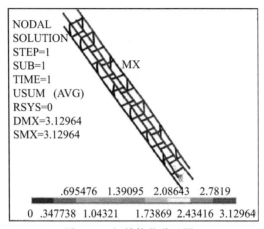

NODAL
SOLUTION
STEP=1
SUB=1
TIME=1
USUM (AVG)
RSYS=0
DMX=3.12964
SMX=3.12964

MX

.695476 1.39095 2.08643 2.7819
0 .347738 1.04321 1.73869 2.43416 3.12964

图 7-15　钢结构位移云图 2

钢结构总体变形如图 7-14 所示，根据总变形图可以明显看出钢结构在该工况下的整体变形情况。图 7-15 为钢结构的位移云图，从这两个图中都可以看出钢结构的最大位移为 3.129mm，在图 7-15 中表现为 max 的标记点，最大位移出现在钢结构主肢上，其结果表明，该工况下钢结构不会产生过大位移，刚度符合安全要求。

图 7-16 为 x 轴方向的应力云图，从中可明显看出 x 轴方向上的最大应力出现在横腹杆上，图 7-17 为在单元第一主应力的基础上显示了应力最大点和最小点。根据图形可得其应力为远小于其许用应力 158MPa，钢结构强度符合安全

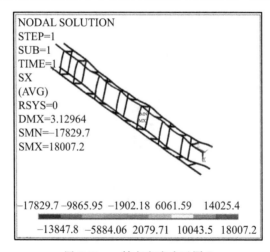

NODAL SOLUTION
STEP=1
SUB=1
TIME=1
SX
(AVG)
RSYS=0
DMX=3.12964
SMN=−17829.7
SMX=18007.2

MN
MX

−17829.7 −9865.95 −1902.18 6061.59 14025.4
−13847.8 −5884.06 2079.71 10043.5 18007.2

图 7-16　x 轴方向应力云图 2

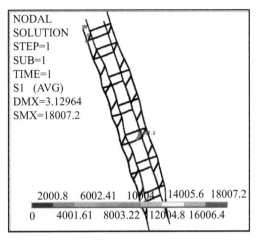

图 7-17 单元第一主应力云图 2

要求。

② 电梯运行到最高固定点和最低固定点的中间位置 如图 7-18 所示为电梯运行到最高固定点和最低固定点的中间位置各种工况对应的力施加位置。

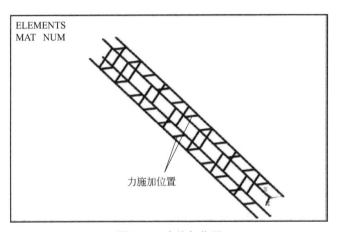

图 7-18 力施加位置

a.导向力在 y 轴上作用力最大 $F_x = 355N$，$F_y = 568N$。

钢结构总体变形如图 7-19 所示，根据总变形图可以明显看出钢结构在该工况下的整体变形情况。图 7-20 为钢结构的位移云图，从这两个图中都可以看出钢结构的最大位移为 3.129mm，在图 7-20 中表现为 max 的标记点，最大位移出现在钢结构主肢上，其结果表明，该工况下钢结构不会产生过大位移，刚度符合安全要求。

图 7-21 为 x 轴方向的应力云图，从中可明显看出 x 轴方向上的最大应力出

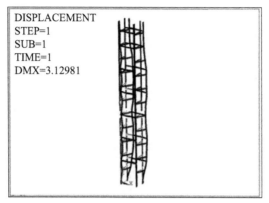

图 7-19　钢结构总变形图 3

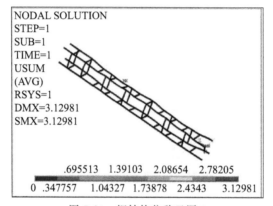

图 7-20　钢结构位移云图 3

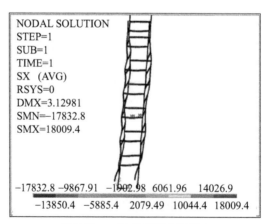

图 7-21　x 轴方向应力云图 3

现在横腹杆上，图 7-22 为在单元第一主应力的基础上显示了应力最大点和最小点。根据图形可得其应力远小于其许用应力 158MPa，钢结构强度符合安全要求。

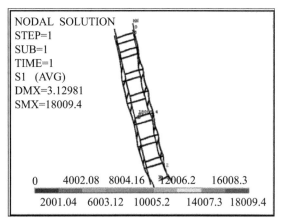

图 7-22　单元第一主应力云图 3

b. 导向力在 x 轴上作用力最大 $F_x = 220\mathrm{N}$，$F_y = 918\mathrm{N}$。

钢结构总体变形如图 7-23 所示，根据总变形图可以明显看出钢结构在该工况下的整体变形情况。图 7-24 为钢结构的位移云图，从这两个图中都可以看出钢结构的最大位移为 3.13mm，在图 7-24 中表现为 max 的标记点，最大位移出现在钢结构主肢上，其结果表明，该工况下钢结构不会产生过大位移，刚度符合安全要求。

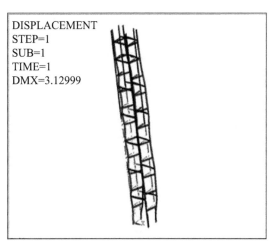

图 7-23　钢结构总变形图 4

图 7-25 为 x 轴方向的应力云图，从中可明显看出 x 轴方向上的最大应力出现在横腹杆上，图 7-26 为在单元第一主应力的基础上显示了应力最大点和最小

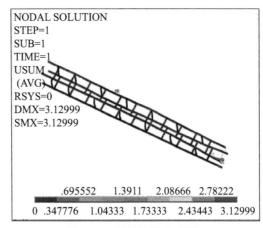

图 7-24　钢结构位移云图 4

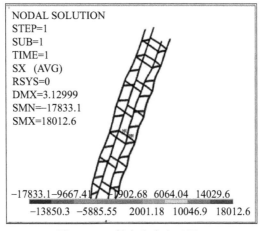

图 7-25　x 轴方向应力云图 4

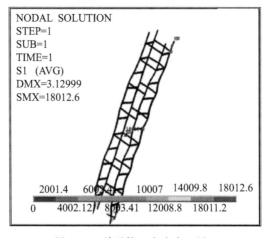

图 7-26　单元第一主应力云图 4

点。根据图形可得其应力为远小于其许用应力 158MPa，钢结构强度符合安全要求。

（5）总结

本文中，笔者将受力分成电梯上升到最高层和电梯运行到最高固定点和最低固定点的中间位置两种情况加载分析，通过对 ANSYS 软件中位移图和应力云图的分析，证明该种参数的钢结构井道强度刚度均满足要求。

7.3.2 基于 ANSYS 的快装式钢结构电梯入户平台刚度强度分析

（1）工程描述

现有一型号为 FJ16-90029 的老楼快装式钢结构电梯，电梯与建筑物之间安装有四个入户平台，作为用户进出电梯和建筑物的通道，入户平台模型如图 7-27 所示，左端与电梯井道相连，右端与建筑物相连。为保证用户在使用过程中的舒适性以及安全性，现对入户平台进行刚度和强度分析。

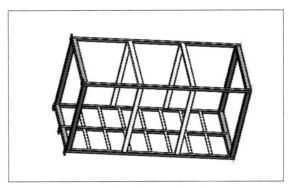

图 7-27　入户平台模型

（2）计算过程

借助 Workbench 软件对该平台进行刚度和强度计算。这里默认的网格划分方法，会自动在四面体单元划分法和扫略划分法间切换。当几何体形状规则、可被扫略时，软件自动优先使用扫略划分法；否则，自动使用 PatchConforming 算法的四面体单元划分法。

① 材料属性设定　所用材料均为 Q235 钢，弹性模量 2.1×10^{11} Pa，泊松比 0.3，密度 7850kg/m^3。

② 网格划分　划分完网格后的模型如图 7-28 所示。

③ 施加约束与荷载　约束的施加：入户平台的左端与钢结构有五个连接处，右端与建筑物有四个连接处，九个连接面均施加 xyz 方向上的位移约束。

荷载的施加：按照公司要求，平台总的施加力大小为 1000kg，均匀分布在平台下水平面上，风荷载加在平台侧面，大小为 2969Pa。

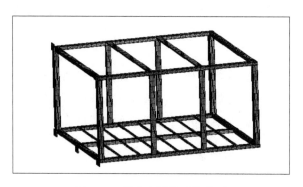

图 7-28　划分完网格后的模型

荷载及约束施加详情如图 7-29 所示，C、D 所指位置为均布荷载施加，A、B 所指位置为位移约束的施加。

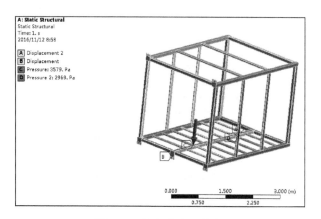

图 7-29　施加约束及荷载

④ 计算结果分析　入户平台刚度：入户平台整体位移如图 7-30 所示。从图

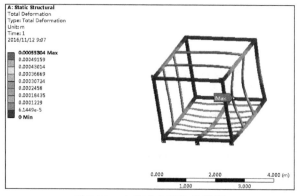

图 7-30　入户平台整体位移图

中可明显看出最大变形出现在平台 max 所指位置，最大变形为 0.55mm，属于小变形，可完全接受，因此，入户平台的刚度完全满足要求。

入户平台强度：入户平台等效应力如图 7-31 所示。等效应力最大处出现在 max 标记处即平台左端两根方管的连接位置，最大等效应力值为 61.87MPa，远小于此处焊缝的许用应力，从图片中可看出几乎整个平台的等效应力小于 7MPa，远远小于材料的许用应力。综上所述，入户平台强度完全满足要求。

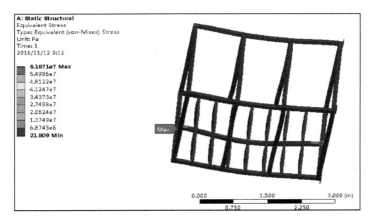

图 7-31　入户平台等效应力图

7.4　本章小结

本章对 ANSYS 软件在钢结构力学计算分析的常用单元优势进行概括描述，分析了电梯典型钢结构有限元计算的基本过程，紧密结合电梯工程实例，针对快装式电梯钢结构井道和钢结构平台两类典型部件的强度和刚度利用 ANSYS 进行优化改进分析。

参 考 文 献

[1]　石建军，姜袁.钢结构设计原理 [M].北京：北京大学出版社，2007.

[2]　龚曙光，谢桂兰.ANSYS 操作命令与参数化编程 [M].北京：机械工业出版社，2004.

[3]　王春华，黄杨，孟凡林，等.基于 ANSYS 液压支架托梁结构改进及强度分析 [J].机械设计，2013，30（1）：67-69.

[4]　张豫龙，马强，李提建.液压支架护帮板有限元分析与结构优化 [J].煤矿机械，2019，40（8）：117-119.

[5]　刘鸣放，刘胜新.金属材料力学性能手册 [M].北京：机械工业出版社，2012.

［6］ 任重. ANSYS 实用分析教程 ［M］. 北京：北京大学出版社，2003.

［7］ 陈颖. 对旧有建筑加装钢结构电梯的探讨 ［J］. 福建建筑，2012 （3）：46-48.

［8］ 刘立新，陈汉，曹广磊. 钢结构加装电梯的发展方向 ［J］. 中国电梯，2018，29 （22）：31-33，41.

［9］ 刘立新，陈汉，王云强，等. 基于 ANSYS 的快装式钢结构电梯井道仿真计算分 ［J］. 中国电梯，2018 （02）：51-53，62.

第8章 快装式电梯整体钢结构力学计算与分析

鉴于快装式钢结构电梯的建筑属性和快装式电梯钢结构的杆系结构（相对一般机械零部件的实体结构而言）属性，本章基于 3D3S 钢结构-空间结构设计软件对其空间计算模型构建、单元划分、约束简化、荷载的分析与组合等进行了较为系统的研究。结合电梯工程实例，并依据建筑钢结构设计规范，本章将快装式电梯钢结构视为一个整体系统，进行了钢结构强度、刚度及整体稳定性的计算分析。这不仅为快装式钢结构电梯设计提供了理论依据，也为电梯钢结构工程计算机辅助力学分析提供了切实可行的解决方案。

8.1 快装式电梯钢结构力学计算方法综述

随着社会经济的发展以及社会人口老龄化的加剧，为老旧楼房加装电梯势在必行[1~3]。加装电梯整体钢结构作为一种典型的空间结构，在实际工程中除静荷载外，还承受着风荷载、地震荷载等动态荷载，且在动态荷载作用下，钢结构所表现出来的力学性能与静态荷载下的力学性能不同，其强度、峰值应力处的应变值等都会发生很大的变化[4,5]。因此，为保证加装电梯整体钢结构的安全性和稳定性，对快装式电梯整体钢结构力学计算与分析是十分有必要的，系统了解动荷载作用下钢结构电梯整体稳定性等对其安全设计有着决定性的意义。

钢结构基本构件作为薄壁构件，具有强度高、重量轻、施工质量好和工期短等特点。钢结构截面种类多，对于单个构件的设计要考虑多方面的内容，因此计算过程烦琐[6]。钢结构力学计算可借助 ANSYS、PKPM、3D3S 等软件平台的参数化设计语言编写程序，建立常用高层建筑钢结构模型，实现结构信息输入、静力求解、模态分析，并可结合钢结构设计规范进行强度和稳定计算，真正通过程序实现了人机交互，提高了结构计算及设计的效率，为实际的工程设计提供了一种科学高效的设计手段。目前，用于快装式钢结构力学计算的软件主要有

ANSYS 有限元分析软件、PKPM 系列软件、3D3S 系列软件，各计算方法概述如下：

（1）ANSYS 有限元分析软件

ANSYS 软件属于世界上最大的有限元分析软件开发商之一的美国 ANSYS 公司，是目前最有影响力的有限元软件之一。经过几十年的发展和推广，目前 ANSYS 的应用已经涉及众多领域，能够解决结构、流体、热以及多物理场耦合问题，其中的静力学分析、动力学分析、非线性分析、疲劳分析、流体分析、优化设计等都已经成为稳定可靠的技术[7]。

该软件包括三个部分：前处理模块、分析计算模块和后处理模块，其中前处理模块提供了一个强大的实体建模及网格划分工具，用户可以方便地构造有限元模型；分析计算模块可对动力学、静力学、流体力学、热力学等进行优化分析计算；后处理模块可将计算结果以云图、图表、曲线等形式显示与输出。并且该软件提供了 100 多种单元类型，用来模拟工程的各种结构和材料。

ANSYS 是一个综合的多物理场耦合分析软件，既可用其进行结构、流体等的单独研究，又可进行这些分析的相互影响作用。

然而 ANSYS 对于电梯整体钢结构的计算方面不够简捷高效化，对钢结构系统的实体模型构建较为复杂，划分网格没有较为准确的方式，单元数量巨大，计算效率低，且计算结果与实际误差较大，所以 ANSYS 并不善于电梯整体钢结构的计算。

（2）PKPM 系列软件

PKPM 系列软件是由中国建筑科学研究院研发，其结构设计常用模块有 PMCAD、SATWE、TAT、STS、PK、墙梁柱施工图等。其中包括建筑、结构、设备全过程的大型建筑工程综合 CAD 系统，是国内建筑行业用户最多、覆盖面最广的一套 CAD 系统[8]。

PKPM 结构软件几乎覆盖所有类型的结构设计，其中钢结构方面有：门式钢架结构、平面屋架、桁架结构、钢支架结构、空间钢框架、框-支撑结构。采用独特的人机交互输入方式，配有先进的结构分析软件包，全部结构计算模块均按照最新的规范要求。

该软件结构计算的优点是紧扣规范，参数详尽，规则结构上设计效率比较高，后处理节点设计类型比较全面，但对于带支撑柱脚节点设计混乱是 STS 的一个缺憾。最近推出的重钢设计软件 STPJ 填补了国内重钢设计以及后处理这方面的空白，然而其缺点是不规则结构建模不便，计算误差大，后处理出图还有所欠缺，对于钢屋架设计中风荷载添加麻烦，不准确。另外，对复杂的三维空间框架模型，程序无法很好地模拟，风荷载误差比较大，后处理节点设计也无法达到要求。

（3）3D3S 系列软件

由同济大学开发的 3D3S 系列软件是一个基于 AutoCAD 软件的钢结构设计软件，已有 10 多年的开发历史，在国内各地钢结构公司以及设计院均有相当多的用户，这是一套专业的钢结构设计软件，几乎涵盖了钢结构的各种形式。该软件可用于门式钢架、钢屋架、平面桁架、空间桁架、多高层钢框架、网架、网壳、索膜结构等各种钢结构的设计，可对空间任意结构施工过程进行跟踪分析。

针对 3D3S 软件系统主要功能模块描述如下：

① 3D3S 钢结构实体建造及绘图系统可直接读取 3D3S 设计系统的三维设计模型和 SAP2000 的三维计算模型，或者直接定义柱网输入三维模型，提供梁柱的各类节点形式供用户选用，自动完成节点计算或验算，进行节点和杆件类型分类和编号。

② 3D3S 软件可直接编辑梁柱节点，增、减、改加劲板，修改焊缝尺寸、螺栓布置和大小，并重新进行验算，直接生成节点设计计算书，根据三维实体模型直接生成结构初步设计图、设计施工图、加工详图。

③ 3D3S 钢结构非线性计算和分析系统可进行结构非线性荷载-位移关系及极限承载力的计算；可进行结构体系施工全过程的计算、分析与显示；可任意定义施工步及其对应的杆件、节点、荷载和边界，完成全过程的非线性计算。

该软件的优点是 CAD 平台上的建模方式相当灵活简便，程序具备完善的导荷载功能，可以完成任意结构的分析；在后处理上对门式钢架、框架结构、网架、网壳结构具备加工图的能力；桁架结构具备相贯线展开、输出相贯线切割数控数据的能力；膜结构具备膜裁剪能力。其缺点是由于建立在 AutoCAD 平台上，受 AutoCAD 的影响有时候稳定性不足，不过随着 AutoCAD 版本升级的应用，稳定性问题已基本解决；前处理中部分设计参数不够完善，尤其多高层框架结构中，不过随着 3D3S 软件高层模块的推出，这个问题已经基本得到了解决。

目前，3D3S 系列软件得到钢结构公司的广泛使用，且模块全面，有一定的性价比，对于任意结构分析设计首选 3D3S；对夹层节点设计有一定要求的夹层门式钢架结构计算优先考虑 3D3S；对有特殊要求（考虑地震效应、预应力分析、稳定分析）的平面桁架、空间桁架、网架结构优先考虑 3D3S。

综上所述，ANSYS 有限元分析软件的特点是单元种类多、通用性好、功能齐全强大，但是在具体专业领域中应用时存在专业性不强、计算效率低的问题。在一般机械的实体类零部件（相对于杆系钢结构而言）计算中，ANSYS 软件的单元划分表现出优秀的功能性和兼容性。这类所需计算的对象（零部件）只是单个或少数几个零件的组合，通常体积不大，并且工程中要求较细的网格划分来实现更为准确的零部件力学性能分析，目前的计算机硬件水平计算速度和计算精度方面均能较好地满足工程计算需要。但是，对属于杆系结构的快装式电梯钢结构，外形尺寸巨大、组成杆件数量众多，为了更为准确地校核快装式钢结构电梯的钢结构刚度和强度，ANSYS 软件需要在分析计算时通常将每一根杆件都要划分成若干单元，最后使得整个钢结构的单元数量达到一个非常庞大的数字。此外，快装式电梯工程中会有各种动态荷载（如风荷载、地震荷载等），这些荷载在 ANSYS 中施加都过于复杂。若应用目前工作站的 ANSYS 软件分析计算，虽然也能完成，但速度缓慢、耗时长、效率低下，且常出现错误，因此，目前快装式电梯钢结构整体有限元计算分析，通常不选用 ANSYS。

作为主流的建筑领域计算机辅助设计与工程软件，PKPM 系列软件和 3D3S 系列软件在有限元力学分析建筑钢结构时均可将每一根杆件作为单一独立的一个杆单元，整体钢结构系统的单元总数量相对于 ANSYS 软件呈几何级数下降，使得计算速度大幅提高、耗时长度大幅缩短，同时计算精度完全可以满足工程需要。PKPM 系列软件偏重计算机辅助设计，但对非标钢结构设计与计算显得较为不足。兼具建筑和机械属性的快装电梯钢结构，常常有异形非标结构出现，因此，3D3S 系列软件成为目前快装式电梯钢结构整体系统有限元计算与分析的最佳选择。首先通过 3D3S 系列软件进行整体钢结构系统计算，对于结果中显示局部（常见于节点处）应力或位移有异常的零部件或子结构，再用 ANSYS 软件进行计算分析，两种软件协调有序配合，已经成为快装式电梯钢结构有限元计算与分析的常态。

8.2　快装式电梯钢结构 3D3S 计算模型的构建

8.2.1　钢结构模型构建简化和计算条件

模型的简化是合理计算的前提，利用工程概念和力学知识把钢结构的传力路线及实体结构通过 3D3S 尽可能符合实际地反映出来。另外，在空间计算模型建立之前，需对快装式钢结构电梯部分结构参数进行查阅，包括额定载重、整体电梯系统重量、井道高度、井道内宽、额定速度等。还需对电梯整体钢结构的基本构件所用钢材进行查阅，明确电梯整体钢结构计算条件和设计依据，其中计算条件包括：工程结构安全等级、结构重要性系数、基础设计等级、钢材质量密度等，设计依据包括《钢结构设计规范》《建筑结构荷载规范》《建筑抗震设计规范》《建筑地基基础设计规范》等。

8.2.2　空间计算模型的建立

根据同济大学 3D3S 开发组所发行的《3D3S 使用说明书》，在 3D3S 软件中应用钢结构各杆件的形心线建立电梯整体钢结构的空间线模型，选择所建立的空间线直接定义与实际对应的杆件，添加所显示杆件的构件属性，其属性主要包括：截面类型、材料性质、方位（X、Y、Z）、偏心、计算长度、长度系数、轴线号等。3D3S 提供了两种定义和添加杆件属性方式如下：

(1) 选择线定义为杆件

按下该按钮，进入屏幕选择状态，可以选择一根或几根 Line、Circle、Arc、Spline 定义为杆件；若选择的都是直线，软件直接将直线转为杆件。

(2) 直接画杆件

按下该按钮，进入屏幕绘图状态，输入两个点定义一根杆件，操作步骤同 AutoCAD 中绘直线。对话框上"选择杆件查询"按钮用于查询杆件属性，按下该按钮后，进入屏幕选择状态，用户可以选择一根杆件查询其属性，该杆件属性显示于对话框左边"属性"框内，可以作为下次要添加杆件的默认属性。

电梯整体钢结构属于桁架结构，在定义计算长度时，通常把杆件绕 2 轴和绕 3 轴的计算长度系数定义为 1，然后把所属结构类型定义为桁架。由于该软件是以节点的形式进行杆件的受力分析，因此在空间线两两相交处需对杆件连接进行打断，当两个节点的距离小于默认值 1mm 时，就删除其中一个节点并把和该点相连的单元转移到另一个节点上，然后以列表形式输出节点方位信息。

生成多层钢结构桁架后，软件将自动定义每层的层面号和纵向、横向的轴线号，每个层面号包括了该层的所有梁和柱，轴线号是指在建立标准层时定义的两个方向的轴线，每个轴线号包括了该轴线平面框架的所有梁和柱。

钢桁架按铰接计算是因为其杆件比较细长，它的截面尺寸和长度尺寸不在一个数量级上，所以节点刚性引起应力较小，可以忽略不计。按刚接计算，必然有弯矩存在，相同的钢桁架截面的情况下，对杆件受力不利。为避免结构中出现较大的结构抗力，选择边界支撑条件，将主肢立柱与地基的连接视为铰接，其余节点均为刚接，得到电梯整体钢结构空间计算模型。

以《钢结构设计规范》（GB 50017—2003）为设计依据，设定结构的安全等级为二级，结构重要性系数为 1.0；所有钢结构材料均为 Q235，通过查阅国标 GB/T 700—2006 得到其力学性能，弹性模量为 $2.06 \times 10^5 \text{MPa}$，泊松比为 0.30，线胀系数为 1.20×10^{-5}，质量密度为 7850kg/m^3。

8.2.3 空间结构模型的检查

模型检查是验证构建的空间模型是否符合简化时的初衷，如果忽视该过程，会导致建模和计算工作所得的结果不能够正确反映工程实际。模型检查主要方法如下：

① 查询构件总数及最长最短单元长度，查看是否有总数不对或有超长或超短的单元。

② 显示附加信息，常用显示有：

a. 显示约束情况，观察是否缺约束；

b. 显示节点号，观察在模型外是否存在空节点和重复节点；

c. 显示单元号，观察构件实际连接处是否都被打断；

d. 显示截面，观察截面是否被定义，方位是否正确。

③ 模型所在平面。这个问题容易被忽略，结构模型的高度方向必须是 CAD 世界坐标的 Z 方向，如果在建立模型的过程中搞错，那么荷载、约束等性质都可能发生错误。

8.3 快装式电梯钢结构荷载分析

8.3.1 荷载类别

电梯整体钢结构所承受荷载主要包括恒荷载、活荷载、偶然荷载以及温度荷载等。各荷载类别叙述如下：

(1) 恒荷载

恒荷载又称永久荷载，在结构使用期间内，荷载的大小不随时间的推移而变化，或其变化与其平均值相比较可以忽略不计，或其变化是单调的并能趋于限值的荷载，如结构自重、土压力等。整体钢结构所承受恒荷载主要包括外包自重、轿厢系统自重以及额定载重，其荷载类型施加方式主要为：轿厢系统自重以及额定载重为集中荷载，外包自重为分布荷载。

(2) 活荷载

活荷载简称活载，也称可变荷载，是施加在结构上的由人群、物料和交通工具引起的使用或占用荷载和自然产生的自然荷载，如屋面积灰荷载、车辆荷载、吊车荷载、风荷载、雪荷载、裹冰荷载、波浪荷载等均是。结构所承受活荷载主要包括风荷载和雪荷载，其导荷方式为双向杆件。

电梯整体钢结构主要考虑风荷载和雪荷载的影响，其含义分别为：

a. 风荷载：又称风的动压力，是空气流动对工程结构所产生的压力。电梯整体钢结构为高层钢结构，具有一定的迎风面积，风荷载通常是引起其侧向位移和振动的主要因素，因而需要计算结构的风荷载并进行安全设计。查阅《建筑结构荷载规范》（GB 50009—2001），可取地面粗糙度类别，基本风压按给出的 50 年一遇的风压采用，得到风荷载属性：导荷方式、体形系数、基本风压。

b. 雪荷载：指作用在建筑物或构筑物顶面上计算用的雪压。一般工业与民用建筑物屋面上的雪荷载，是由积雪形成的，是自发性的气象荷载。雪载值的大小，主要取决于依据气象资料而得的各地区降雪量、屋盖形式、建筑物的几何尺寸以及建筑物的正常使用情况等。查阅《建筑结构荷载规范》(GB 50009—2012)得基本雪压取值：雪荷载的基准压力，一般按所在地空旷平坦地面上积雪自重的观测数据，经概率统计得出 50 年一遇最大值确定。

（3）偶然荷载

偶然荷载又称特殊荷载，在设计基准期内可能出现，也可能不出现，而一旦出现其值很大，且持续时间较短。例如爆炸力、撞击力、雪崩、严重腐蚀、地震、台风等。电梯整体钢结构主要考虑地震荷载，又称地震力，结构由于地震而受到的惯性力、土压力和水压力的总称。由于水平振动对建筑物的影响最大，因而一般只考虑水平振动。查阅《建筑抗震设计规范》（GB 50011—2010），得到电梯整体钢结构在地震力作用下的荷载参数属性：地震力计算方法、地震烈度、水平地震影响系数最大值、计算振型数、结构阻尼比、特征周期值、地震影响、场地类别、地震分组、周期折减系数、阵型周期。

（4）温度荷载

根据温度变化引起的原因不同分为均匀温差荷载和内外温差荷载，且考虑温度作用下结构膨胀或收缩产生的内力，需要输入温度增量。根据电梯整体钢结构安装所在地区 1977～2018 年的气象资料，取计算温差值 1、计算温差值 2。

8.3.2　3D3S 软件荷载编辑

利用 3D3S 荷载编辑模块将恒荷载、活荷载（风荷载、雪荷载）、偶然荷载（地震荷载）以及温度荷载施加在电梯整体钢结构的空间模型上，主要步骤如下：

① 在荷载库中自行添加所需荷载。

② 把荷载库中的节点荷载添加到相应的节点上去。

③ 空间桁架可以使用导荷载功能，把面荷载值自动导为节点荷载：在菜单荷载库中选择杆件导荷载库，双击省略号，选择恒、活、风荷载类型，选择双向导到节点，添入面荷载值；在荷载库中出现该面荷载后关闭退出。

使用菜单命令添加杆件导荷载，在荷载库中添入的导荷载参数会显示在荷载栏中，用鼠标在荷载栏中选择所需要的导荷载参数，然后使用按钮选择受荷范围，选中该面荷载的分布区域（选中后，软件会用黄线表示出来已选中的区域杆件），右键退出，按关闭完成；如果在荷载库中添入的是单向导节点荷载，那么在添加导荷载中除了选择受荷范围之外，还需要额外选择受力节点以确定单向导荷载的节点分配。

④ 地震荷载。在地震参数中输入：选择地震烈度、场地类别、地震分组；如果需要把活荷载考虑到地震重力荷载代表值中去，那需要在重力荷载代表值的可变荷载工况号中添入相应的活荷载工况号和组合值系数。

在计算内容中列出了七种选择，表示在计算时需要考虑地震力哪几个方向的作用，完成地震计算和内力分析后，在查询内力的查询地震工况内力中列出了若干种情况，就是指计算内容中所选择的若干种地震作用方向的内力计算结果。

⑤ 温度荷载。3D3S 软件提供两个增量，一般输入增量 1 为正温，增量 2 为负温；当仅仅考虑负温时，就在增量 1 中填入负数，而增量 2 不填。

8.3.3 荷载组合

荷载组合是荷载效应组合的简称，指各类构件设计时不同极限状态所应取用的各种荷载及其相应的代表值的组合。应根据使用过程中可能同时出现的荷载进行统计组合，取其最不利情况进行设计。根据各种荷载的重要性，荷载的组合分为六类。

① 组合 I：基本可变荷载的一种或几种，与永久荷载的一种或几种相组合。

② 组合 II：基本可变荷载的一种或几种，与永久荷载的一种或几种和其它可变荷载的一种或几种相组合。

③ 组合 III：平板挂车或履带车，与结构重量、预加应力、土的重力及土侧压力的一种或几种相组合。

④ 组合 IV：基本可变荷载的一种或几种，与永久荷载的一种或几种和偶然荷载中的船只或漂流物的撞击力相组合。

⑤ 组合 V：桥涵在进行施工阶段的验算时，根据可能出现的施工荷载进行组合；构件在吊装时，其自重应乘以动力系数 1.2 或 0.85，并可视构件具体情况适当增减。

⑥ 组合 VI：结构重力、预加应力、土重及土侧压力中的一种或几种与地震力相组合。

基于六类基本组合，根据《建筑结构荷载规范》（GB 50009—2001）规定建筑结构设计应根据使用过程中在结构上可能同时出现的荷载，应按照不同的极限状态对电梯整体钢结构所受荷载进行组合。

8.4 快装式电梯钢结构设计验算结果分析

8.4.1 设计验算内容及原理

应力比是指对构件循环加载时的最小荷载与最大荷载之比（或构件最小应力与最大应力之比），有的文献称此为循环特征系数，因此可用其对整体钢结构是否符合规范稳定要求进行判断，一般利用 3D3S 进行验算的内容主要包括以下方面。

① 强度验算：强度应力比、绕 2 轴抗剪应力比、绕 3 轴抗剪应力比。

② 整体稳定：绕 2 轴整体稳定验算、绕 3 轴整体稳定验算。

③ 刚度验算：绕 2 轴长细比、绕 3 轴长细比、绕 2 轴挠度、绕 3 轴挠度。

另外，关于强度应力比、整体稳定应力比和长细比的验算公式原理如下：

(1) 强度应力比

强度应力比为设计结果强度与钢材许用应力的比值，也就是杆件实际应力与许用应力之比。

$$x = \frac{\sigma}{[\sigma]}, [\sigma] = \frac{\sigma_s}{n_s}$$

式中，x 为强度应力比；σ 为杆件实际应力；$[\sigma]$ 为杆件许用应力；σ_s 为材料屈服极限（塑性）或强度极限（脆性）；n_s 为安全因数。

$$\begin{cases} \sigma = \dfrac{F}{A} （拉压） \\ \sigma = \dfrac{M}{W} （弯曲） \end{cases}$$

式中，W 为抗弯截面系数，与截面的几何形状有关；A 为截面积；F 为外力；M 为弯矩。

由上述公式可知，强度应力比若不满足规范要求对钢结构的强度有影响，主要表现为钢结构杆件所受应力超限，造成杆件破坏；同时由公式可知，强度应力的大小与钢结构杆件的截面、材料性能以及所受外力、弯矩有关；对于同种规格钢材，在外力及力矩不变的情况下，可以采取增大杆件截面的方法来减小杆件的实际应力大小，从而减小其强度应力比。

(2) 整体稳定应力比和长细比

整体稳定应力比为钢结构杆件稳定应力与其许用稳定应力的比值，计算原理如下：

首先，计算杆件的柔度（长细比）

$$\lambda = \frac{\mu l}{i}$$

式中，λ 为柔度；μ 为长度因数；l 为杆件长度；i 为杆件截面惯性半径。长度因数 μ 的取值如表 8-1 所示。

表 8-1　杆件长度因数 μ 的取值

杆件约束条件	杆件的长度因数 μ
两端铰支	1

杆件约束条件	杆件的长度因数 μ
一端固定、另一端自由	2
两端固定	0.5
一端固定、另一端铰支	0.7

其次，计算压杆稳定条件：

$$\begin{cases} \sigma_{cr}=\dfrac{\pi^2 E}{\lambda}(\lambda \geqslant \lambda_1) \\ \sigma_{cr}=a-b\lambda(\lambda_2 \leqslant \lambda \leqslant \lambda_1) \\ \sigma_{cr}=\dfrac{F}{A}(\lambda \leqslant \lambda_2) \end{cases}$$

$$\lambda_1=\pi\sqrt{\frac{E}{\sigma_p}},\lambda_2=\frac{a-\sigma_s}{b}$$

式中，σ_{cr} 为临界应力；E 为钢材弹性模量；a、b 为与材料性能有关的常数；σ_p 为比例极限；σ_s 为屈服极限。

最后，计算稳定应力比：

$$y=\frac{\sigma_1}{\sigma_{cr}}$$

式中，y 为稳定应力比；σ_1 为实际稳定应力。

由上述可知，稳定应力是这样定义的：计算出长细比，当长细比满足要求时，根据长细比查找对应的折减系数（稳定系数）φ。此时稳定压力为：

$$\sigma_1=\frac{F}{\varphi A}+\frac{\beta_{mx}(M_1+M_2)}{\gamma_x W\left(1-0.8\dfrac{F}{F_{cr}}\right)}$$

式中，β_{mx} 为等效弯矩系数；γ_x 为截面塑性发展系数；W 为抗弯截面模量。这个应力实际是不存在的，只是用来判断杆件是否满足稳定性要求的一个结果。

8.4.2 基于 3D3S 的设计验算过程

明确电梯整体钢结构所用工程钢材的力学性能，根据计算分析模型和设计验算内容及原理，利用 3D3S 设计验算功能进行规范检验，主要步骤如下。

① 选择规范：选择单元组后，选取相应的规范，软件设计验算功能提供了五种钢结构规范。

② 单元验算：软件提供了几种验算类型，包括校核、截面放大、截面选优、截面优化、有侧移结构、统计用钢量。

③ 验算结果显示：选择单元组后，屏幕弹出选择框，用户可选择分别用红、黄、绿、蓝色来表示截面不足、截面过大、截面增大、截面缩小四种情况。灰色

表示截面满足或截面无变化。显示验算数值结果项一旦被选择，在杆件周围还标出该构件的强度、稳定应力比和两个方向的长细比。

④ 验算结果查询：先用鼠标左键选取单元再按此功能块，或直接按此功能块后在对话框内输入单元号，屏幕将弹出验算结果。

8.4.3 设计验算结果分析

根据验算内容，对验算结果进行分析。生成杆件应力比分布图，并找出杆件应力比最大值是否满足计算要求；生成按"强度应力比"显示构件颜色、按"绕2轴应力比"显示构件颜色、按"绕3轴应力比"显示构件颜色的空间结构图，找到电梯整体钢结构应力比最大处，且应力比值均小于规范所规定的值；列出设计验算表、最严控制表，由于单元设计验算表篇幅过大，不宜在计算书列出，故仅列出最严控制表，且在最严控制下的应力比均符合规范要求。因此可知电梯整体钢结构在动荷载作用下其强度以及整体稳定性均满足要求。

8.5 典型案例

8.5.1 快装式电梯单体式钢结构计算及分析

(1) 钢结构计算模型的构建

① 工程概况 以一台高 30m、额定载重量 1600kg 的快装式钢结构电梯为例，本结构为单体式电梯钢结构，在钢结构空间结构设计软件 3D3S 中进行建模计算分析。6 个主肢立柱为 200×200×8 方管，井道框架两侧横梁为 200×200×6 方管和 200×100×6 矩形管混搭，顶端主机承重梁为 200×200×8×12 H 钢，走廊横梁为 150×150×7×10 H 钢。快装式钢结构电梯部分结构参数如表 8-2 所示，单体式钢结构实体如图 8-1 所示。

该结构计算条件如下。

工程结构安全等级：二级结构

重要性系数：1.0

建筑物抗震设防类别：丙类

建筑场地：Ⅱ类

基础设计等级：丙级

基本风压：0.45kN/m²

基本雪压：0.30kN/m²

地面粗糙度类别：B 类

结构设计使用年限：50 年

其设计依据为《钢结构设计规范》《冷弯薄壁型钢结构技术规范》《建筑结构荷载规范》《建筑抗震设计规范》《建筑地基基础设计规范》《钢结构焊接规范》《钢结构高强度螺栓连接技术规程》。

表 8-2　快装式钢结构电梯部分结构参数

名称	量值
额定载重/kg	1600
电梯系统重量/kg	10000
井道高度/mm	30000
井道内宽/mm	3000
井道内深/mm	2500
额定速度/(m/s)	1.5

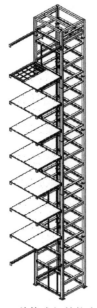

图 8-1　单体式钢结构实体图

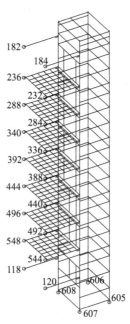

图 8-2　空间计算模型

② 空间计算模型的建立　以工程概况中描述的钢结构计算条件为基础，在 3D3S 软件中应用钢结构各杆件的形心线建立钢结构的空间线模型并添加与实际对应的杆件，由于该软件是以节点的形式进行杆件的受力分析，因此需对杆件连接处进行打断，并删除重复节点，得到空间计算模型，如图 8-2 所示。其中，为避免结构中出现较大的结构抗力，将主肢立柱与地基的连接、入户平台与墙体的连接均视为铰接，其余节点均为刚接。设定结构的安全等级为二级，重现期 R 为 50 年，结构重要性系数为 1.0，所有钢结构材料均为 Q235，弹性模量为 2.06×10^5 MPa，泊松比为 0.30，线胀系数为 1.20×10^{-5}，质量密度为

$7850 \mathrm{kg/m^3}$。

（2）钢结构荷载分析

① 荷载类别 钢结构电梯及入户平台所承受荷载主要包括恒荷载、活荷载、风荷载、地震荷载以及温度荷载等。

a.恒荷载 钢结构所承受恒荷载主要包括外包自重、轿厢系统以及额定载重，其类型和取值如表 8-3 所示，荷载分布如图 8-3～图 8-5 所示（粗实线为作用单元）。

表 8-3 恒荷载类型及取值

序号	类型	方向	Q_1/kN	Q_2/kN	X_1/mm	X_2/mm
①轿厢系统自重＋额定载重量	集中荷载	Z	−56.8	0.0	0.5	0.0
②外包自重Ⅰ	分布荷载	Z	−0.1	−0.1	0.0	0.0
③外包自重Ⅱ	分布荷载	Z	−0.2	−0.2	0.0	0.0

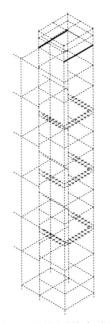

图 8-3 轿厢系统自重及额定载重量

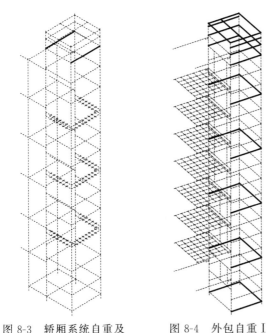

图 8-4 外包自重Ⅰ

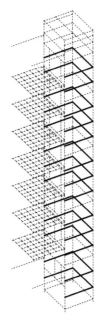

图 8-5 外包自重Ⅱ

b.活荷载 结构所承受活荷载主要包括入户平台载重，其类型和取值如表 8-4 所示，荷载分布图如图 8-6 所示。

表 8-4 活荷载类型及取值

荷载类型	导荷方式	体形系数	面荷载值(基本风压)/(kN/m²)
活载	双向杆件	—	3.00

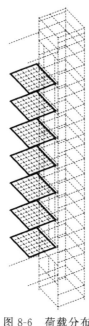
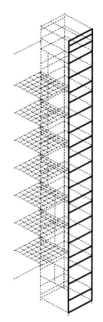

图 8-6   荷载分布   图 8-7   风荷载分布

c.风荷载 钢结构及入户平台为高层桁架结构，具有一定的迎风面积，风荷载通常是引起其侧向位移和振动的主要因素，因而需要计算结构的风荷载并进行安全设计。

依据《建筑结构荷载规范》（GB 50009—2001），取地面粗糙度类别为 C 类，基本风压按给出的 50 年一遇的风压采用，得到风荷载属性如表 8-5 所示，对应得面荷载分布如图 8-7 所示（实线表示荷载分配到的单元）。

表 8-5   风荷载属性

荷载类型	导荷方式	体形系数	面荷载值 （基本风压）/(kN/m²)
风载	双向杆件	1.40	0.50

d.地震荷载 依据《建筑抗震设计规范》（GB 50011—2010），地震作用下的荷载参数如表 8-6 所示，得到各阵型周期如表 8-7 所示。

表 8-6   地震作用下的荷载参数

参数	属性	参数	属性
地震力计算方法	振型分解法	特征周期值	0.35
地震烈度	7 度(0.10g)	地震影响	多遇地震
水平地震影响系数最大值	0.08	场地类别	II 类
计算振型数	9	地震分组	第一组
结构阻尼比	0.040	周期折减系数	0.65

表 8-7　各阵型周期

阵型号	周期/s	各振型质量参与系数		
		x 方向	y 方向	z 方向
1	0.5025	0.00%	52.26%	0.00%
2	0.2831	32.96%	0.00%	0.02%
3	0.2585	0.01%	0.00%	0.00%
4	0.1882	0.00%	30.63%	0.00%
5	0.1344	0.00%	0.00%	0.00%
6	0.1317	0.00%	0.00%	0.00%
7	0.1196	0.00%	0.73%	0.00%
8	0.0903	0.00%	0.10%	0.00%
9	0.0859	0.00%	0.93%	0.00%

e.温度荷载　根据场地所在地区 1977～2018 年的气象资料，取计算温差 1 为 -25.0℃，计算温差 2 为 25.0℃。

② 荷载组合　《建筑结构荷载规范》(GB 50009—2001) 规定建筑结构设计应根据使用过程中在结构上可能同时出现的荷载，按照不同的极限状态进行组合。本结构中的荷载组合如表 8-8 所示。

表 8-8　荷载组合

组合	恒载系数	活载系数	风载系数	温载系数	地震系数
组合 1	1.20	1.40	0	0	0
组合 2	1.20	0	1.40	0	0
组合 3	1.20	0	0	1.40	0
组合 4	1.20	1.40	1.40×0.60	0	0
组合 5	1.20	1.40×0.70	1.40	0	0
组合 6	1.20	1.40	0	1.40×0.60	0
组合 7	1.20	1.40×0.70	0	1.40	0
组合 8	1.20	0	1.40	1.40×0.60	0
组合 9	1.20	0	1.40×0.60	1.40	0
组合 10	1.20	1.40	1.40×0.60	1.40×0.60	0
组合 11	1.20	1.40×0.70	1.40	1.40×0.60	0
组合 12	1.20	1.40×0.70	1.40×0.60	1.40	0
组合 13	1.20	1.20×0.50	0	0	1.30

(3) 设计验算结果

根据计算分析模型，进行规范检验，检验结果如图 8-8～图 8-11 所示。由图 8-8 可知，杆件应力比最大值为 0.91，由此可知钢结构井道能够满足承载力计算要求；由图 8-9～图 8-11 可知，钢结构井道的强度应力比、绕 2 轴应力比以及绕 3 轴应力比均显示钢结构井道与地面连接处的应力比最大，且小于规范所规定的值，且由表 8-9 可知，最严控制下的应力比均符合规范要求。因此可知钢结构井道在动荷载作用下其强度以及整体稳定性均满足要求。

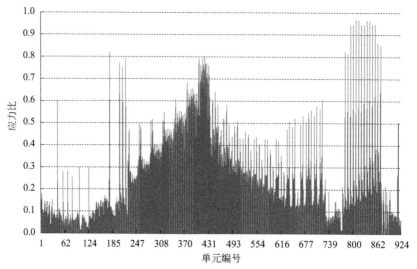

图 8-8　杆件应力比分布图

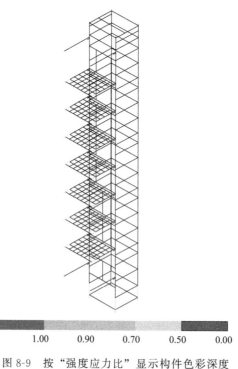

图 8-9　按"强度应力比"显示构件色彩深度

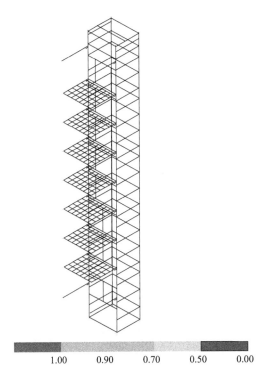

| 1.00 | 0.90 | 0.70 | 0.50 | 0.00 |

图 8-10　按"绕 2 轴应力比"显示构件色彩深度

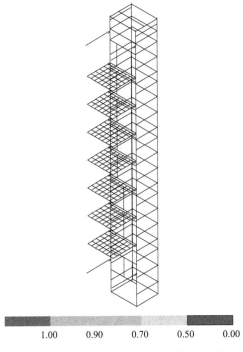

| 1.00 | 0.90 | 0.70 | 0.50 | 0.00 |

图 8-11　按"绕 3 轴应力比"显示构件色彩深度

表 8-9　最严控制表

项目	强度	绕 2 轴 整体稳定	绕 3 轴 整体稳定	沿 2 轴 抗剪应力比	沿 3 轴 抗剪应力比	绕 2 轴 长细比	绕 3 轴 长细比
所在单元	208	668	668	208	208	283	283
数值	0.872	0.834	0.994	0.251	0.305	130	41

8.5.2　快装式电梯并联式钢结构计算及分析

(1) 钢结构模型的构建

① 工程概述　以一台高 30m、额定载重量 1600kg 的快装式钢结构电梯为例，本结构为双井道并联式，在钢结构-空间结构设计软件 3D3S 中进行建模计算分析，6 个主肢立柱为 200×200×8 方管，井道框架两侧横梁为 200×200×6 方管和 200×100×6 矩形管混搭，走廊底部槽钢为 6.3$^{\#}$ 槽钢，走廊横梁为 150×150×7×10 H 钢。快装式钢结构电梯部分结构参数如表 8-10 所示，计算条件如表 8-11 所示。

表 8-10　快装式钢结构电梯部分结构参数

名称	量值
额定载重/kg	1600
电梯系统重量/kg	20000
井道高度/mm	30000
井道内宽/mm	3000
井道内深/mm	2500
额定速度/(m/s)	1.5

表 8-11　计算条件

计算条件	属性	计算条件	属性
工程结构安全等级	二级	允许应力比上限	0.95
结构重要性系数	1.0	基本风压	0.45kN/m^2
重现期 R/年	50	场地类别	Ⅱ 类
钢结构材料	Q235	地震分组	第一组
钢结构密度	7850kg/m^3	周期折减系数	0.65

所查阅的设计依据为《钢结构设计规范》《冷弯薄壁型钢结构技术规范》《建筑结构荷载规范》《建筑抗震设计规范》《建筑地基基础设计规范》《钢结构焊接规范》《钢结构高强度螺栓连接技术规程》。

② 空间计算模型的建立　以工程概况中描述的钢结构计算条件为基础，在 3D3S 软件中应用直接画杆件，运用两点定义一根杆件建立钢结构的空间模型，并进入杆件属性模块添加与实际对应的杆件属性，该软件是以节点的形式

进行杆件的受力分析，因此需对两两相贯杆件连接处进行打断，删除两个节点的距离小于默认值的任意节点，并把和该点相连的单元转移到另一个节点上，得到空间计算模型，如图 8-12 所示。选择支撑边界条件，将主肢立柱与地基的连接视为铰接，其余节点均为刚接。所有钢结构材料均为 Q235，弹性模量为 $2.06×10^5$ MPa，泊松比为 0.30，线胀系数为 $1.20×10^{-5}$，质量密度为 7850kg/m^3。

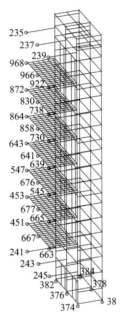

图 8-12　空间计算模型

（圆表示支座，数字为节点号）

（2）钢结构荷载分析

① 荷载类别　钢结构电梯所承受荷载主要包括恒荷载、活荷载、风荷载、地震荷载以及温度荷载等。

a.恒荷载　钢结构所承受恒荷载主要包括轿厢系统以及额定载重、外包自重，其类型和取值如表 8-12 所示，荷载分布如图 8-13～图 8-15 所示（粗实线为作用单元）。

表 8-12　荷载类型和取值

序号	类型	方向	Q_1/kN	Q_2/kN	X_1/mm	X_2/mm
①轿厢系统自重＋额定载重量	集中荷载	Z	−52.9	0.0	0.5	0.0
②外包自重Ⅰ	分布荷载	Z	−0.2	−0.2	0.0	0.0
③外包自重Ⅱ	分布荷载	Z	−0.1	−0.1	0.0	0.0

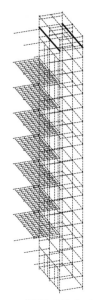
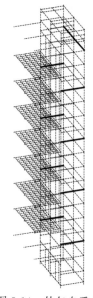
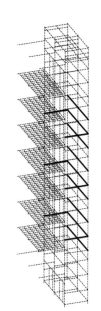

图 8-13　轿厢系统自重及额　　图 8-14　外包自重 I　　图 8-15　外包自重 II
　　　　定载重量

　　b.活荷载　结构所承受活荷载主要包括入户平台载重和风荷载，其类型和取值如表 8-13 所示，荷载分布图如图 8-16 所示。

表 8-13　荷载类型及取值

荷载类型	导荷方式	体形系数	基本风压/(kN/m²)
活载	双向杆件	—	3.00

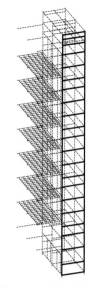

图 8-16　入户平台荷载分布　　　　图 8-17　风荷载分布

c.风荷载　依据《建筑结构荷载规范》（GB 50009—2001），取地面粗糙度类别为 C 类，基本风压按给出的 50 年一遇的风压，得到风荷载属性如表 8-14 所示，对应得面荷载分布如图 8-17 所示（实线表示荷载分配到的单元）。

表 8-14　风荷载属性

荷载类型	导荷方式	体形系数	基本风压/(kN/m²)
风载	双向杆件	1.40	0.50

d.地震荷载　依据《建筑抗震设计规范》（GB 50011—2010），地震作用下的荷载参数如表 8-15 所示，得到各阵型周期如表 8-16 所示。

表 8-15　地震作用下的荷载参数

参数	属性	参数	属性
地震力计算方法	振型分解法	特征周期值	0.35
地震烈度	7 度(0.10g)	地震影响	多遇地震
水平地震影响系数最大值	0.08	场地类别	Ⅱ类
计算振型数	9	地震分组	第一组
结构阻尼比	0.040	周期折减系数	1

表 8-16　各振型周期

阵型号	周期/s	各振型质量参与系数		
		x 方向	y 方向	z 方向
1	0.4581	0.00%	53.78%	0.00%
2	0.1795	0.00%	28.34%	0.05%
3	0.1173	0.03%	0.71%	0.00%
4	0.1145	0.00%	0.03%	0.00%
5	0.0857	0.00%	0.90%	0.00%
6	0.0797	0.02%	0.96%	73.98%
7	0.0749	0.00%	0.33%	0.00%
8	0.0686	0.00%	0.00%	35.87%
9	0.0652	0.00%	0.00%	0.00%

e.温度荷载　根据场地所在地区 1977～2018 年的气象资料，取计算温差 1 为−25.0℃，计算温差 2 为 25.0℃。

② 荷载组合　《建筑结构荷载规范》（GB 50009—2001）规定，建筑结构设计应根据使用过程中在结构上可能同时出现的荷载，按照不同的极限状态进行组合。荷载组合如表 8-17 所示。

表 8-17　荷载组合

组合	恒载系数	活载系数	风载系数	温载系数	地震系数
组合 1	1.20	1.40	0	0	0
组合 2	1.20	0	1.40	0	0
组合 3	1.20	0	0	1.40	0
组合 4	1.20	1.40	1.40×0.60	0	0
组合 5	1.20	1.40×0.70	1.40	0	0
组合 6	1.20	1.40	0	1.40×0.60	0
组合 7	1.20	1.40×0.70	0	1.40	0
组合 8	1.20	0	1.40	1.40×0.60	0
组合 9	1.20	0	1.40×0.60	1.40	0
组合 10	1.20	1.40	1.40×0.60	1.40×0.60	0
组合 11	1.20	1.40×0.70	1.40	1.40×0.60	0
组合 12	1.20	1.40×0.70	1.40×0.60	1.40	0
组合 13	1.20	1.20×0.50	0	0	1.30

(3) 设计验算结果

　　根据计算分析模型，进行规范检验，检验结果如图 8-18～图 8-21 所示。由图 8-18 可知，杆件应力比最大值为 1.42，由此可知钢结构井道能够满足承载力计算要求；由图 8-19～图 8-21 可知，钢结构井道的强度应力比、绕 2 轴应力比以及绕 3 轴应力比均显示钢结构井道与地面连接处的应力比最大，且小于规范所规定的值，且由表 8-18 可知，最严控制下的应力比均符合规范要求。因此可知钢结构井道在动荷载作用下其强度以及整体稳定性均满足要求。

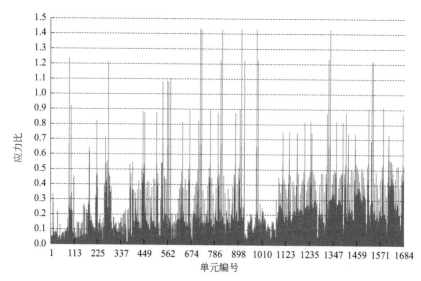

图 8-18　杆件应力比分布图

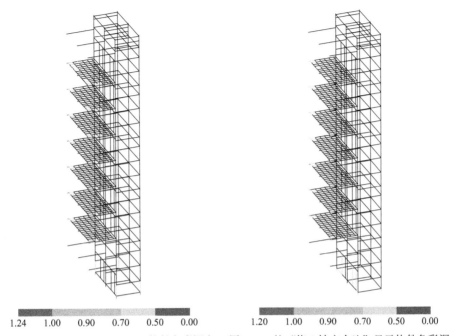

图 8-19 按"强度应力比"显示构件色彩深度   图 8-20 按"绕 2 轴应力比"显示构件色彩深度

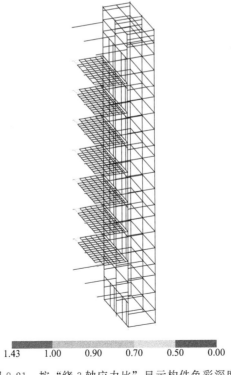

图 8-21 按"绕 3 轴应力比"显示构件色彩深度

表 8-18　最严控制表

项目	强度	绕 2 轴整体稳定	绕 3 轴整体稳定	沿 2 轴抗剪应力比	沿 3 轴抗剪应力比	绕 2 轴长细比	绕 3 轴长细比
所在单元	180	285	192	347	192	104	283
数值	1.151	1.107	1.240	1.320	0.340	96	70

8.6　本章小结

本章基于快装式钢结构电梯的建筑属性和快装式电梯钢结构的杆系结构（相对一般机械零部件的实体结构而言）属性，对钢结构-空间结构设计软件 3D3S 的空间计算模型构建、单元划分、约束简化、荷载（包括静荷载、风荷载、地震荷载以及温度荷载）的分析与组合展开研究。结合电梯工程实例，依据建筑钢结构设计规范，将快装式电梯钢结构作为一个整体系统进行强度、刚度及整体稳定性计算分析。为快装式钢结构电梯设计提供了理论依据，为电梯钢结构工程计算机辅助力学分析提供了切合实际的可行的解决方案。

参 考 文 献

[1] 陈颖.对旧有建筑加装钢结构电梯的探讨 [J].福建建筑，2012 (3)：46-48.

[2] 刘立新，陈汉，曹广磊.钢结构加装电梯的发展方向 [J].中国电梯，2018，29 (22)：31-33，41.

[3] 刘立新，陈汉，王云强，等.基于 ANSYS 的快装式钢结构电梯井道仿真计算分析 [J].中国电梯，2018 (02)：51-53，62.

[4] 王一宇.变电站钢构架结构建模计算及分析 [J].科技与创新，2017 (24)：123-124.

[5] 刘昆.3D3S 软件分析屋面组合抱杆 [J].工程与建设，2011，25 (6)：773-775.

[6] 黄颖.基于 ANSYS 平台的钢结构计算软件开发 [C].北京力学会第 17 届学术年会，2011.

[7] 徐振飞.ANSYS 有限元分析工程应用实例 [M].北京：中国建筑工业出版社，2010.

[8] 厉见芬.建筑结构设计软件（PKPM）应用 [M].北京：中国建筑工业出版社，2017.